FOOD & WINE PAIRING COOKBOOK

푸드
&
와인
페어링
쿡북

FOOD & WINE PAIRING COOKBOOK

정리나, 백은주 지음

hansmedia

Prologue

J /

음식과 와인은 늘 제 삶의 한가운데에 있었습니다. 푸드 디렉터로서 많은 셰프들과 일하며, 요리의 디테일만큼이나 와인 페어링의 중요성을 절감해 왔습니다. 좋은 재료로 좋은 음식을 완성하는 것처럼, 음식에 맞는 와인을 선택하는 과정 역시 요리의 맛을 완성하는 핵심입니다. 음식과 와인의 조화는 각각의 고유한 풍미를 극대화하고, 우리에게 새로운 차원의 경험을 선사합니다.

와인 바를 운영하면서도 늘 고민되었던 부분은, 우리나라의 식재료와 조리법에 맞는 와인 페어링을 찾는 일이었습니다. 기존의 음식과 와인 페어링 가이드는 한국 고유의 식재료인 새우젓, 들기름, 고추장 등을 다루지 않았기 때문에 평소 다양한 상황에서 활용에 한계를 느꼈습니다. 그래서 저의 와인 스승인 백은주 선생님과 함께 이 책을 기획하고 준비하게 되었습니다.

이번 책은 저의 네 번째 저술 작업이지만, 가장 도전적인 프로젝트였습니다. 구하기 쉬운 식재료로 간단히 요리하면서도, 독자들이 자유롭게 레시피를 응용할 수 있도록 메뉴를 설계했습니다. 공저자인 백은주 선생님과 매 과정마다 논의를 거치며 와인의 스타일에 맞는 식재료, 소스, 조리법에 기반한 메뉴를 개발했습니다. 어려운 과정이었으나, 이상적인 페어링을 발견했을 때의 기쁨은 무엇과도 비교할 수 없었습니다. 독자분들도 이 책을 통해 요리의 즐거움뿐 아니라 음식과 와인이 어우러졌을 때의 깊은 행복을 경험하셨으면 합니다.

마지막으로, 이 책이 나올 수 있도록 함께해 주신 최고의 팀에게 감사의 마음을 전하고 싶습니다. 처음부터 끝까지 섬세하게 이끌어 주신 한스미디어의 이나리 팀장님, 책을 더 아름답게 만들어 주신 김태훈 사진작가님 그리고 언제나 와인에 대한 열정을 나눠주신 백은주 선생님께 진심으로 감사드립니다.

좋은 음식과 와인은 단순한 식사가 아니라, 사람들을 이어주는 아름다운 연결 고리와도 같습니다. 이 책과 함께 여러분도 그 연결 고리를 발견하고, 음식과 와인이 선사하는 커다란 행복을 만끽하시길 바랍니다.

정리나(푸드 디렉터)

B

2년 전, 가을이 끝날 무렵 프랑스 부르고뉴에 갔습니다. 당시 프랑스에서 K-푸드가 트렌드로 떠오르기 시작했던 때였는데, 한국 음식이 어떤 맛일지 궁금하지만 포도밭과 양조장 일에 갇혀 자리를 뜰 수 없는 부르고뉴 와인메이커들을 위한 방문이었습니다. 이른바 '한국 음식과 부르고뉴 와인 팝업' 프로젝트로, 우리가 직접 그들을 찾아가 한국 음식을 소개해 보자는 의도였죠. 내심 우리나라 음식을 프랑스인들에게 자랑하고 싶었던 마음도 컸습니다. 그러한 배경에는 와인과 우리의 장맛이 잘 어울릴 거라는 확신도 큰 역할을 했습니다. 정리나 디렉터님, 배경준 셰프님과 함께 팝업 메뉴를 선정할 때의 기준은 두 가지였습니다. 바로 와인과 잘 어울리면서도 한국을 대표할 음식이어야 한다는 것. 이 책은 그 여행을 모토 삼아 와인 페어링에 대한 정리나 디렉터님과 저의 경험 그리고 서로의 노하우가 어우러져 만들어진 결과라고 볼 수 있습니다.

음식과 와인 페어링에서는 당연히 음식 맛도 좋아야 하지만 와인과 함께했을 때 완성되는 맛이 가장 중요합니다. 와인과 함께하는 메뉴는 시작부터 와인을 위해 기꺼이 자리를 내어줄 준비가 되어 있어야 합니다. 그래서 '맛있는 안주는 밥반찬과는 출발점이 다를 수 있겠다'라는 것이 앞서 언급한 여행에서 터득한 소중한 경험이었습니다. 그래서 이 책의 내용은 와인에 잘 어울리는 메뉴에 대한 체계적인 접근에서부터 시작했습니다.
책은 크게 '음식과 와인 페어링의 기초'와 '와인과 잘 어울리는 요리', 두 개의 파트로 나눠집니다. 먼저 첫 번째 이론 파트에서는 음식과 와인 페어링을 이해하기 위한 기본적인 원리를 다뤘습니다. 와인을 잘 모르더라도 누구나 즐겁게 활용할 수 있는 다양한 팁이 들어 있으니 참고해 보세요. 두 번째 레시피 파트에서는 정리나 디렉터의 노하우가 담긴 감각 있는 메뉴들을 소개합니다. 만들기 쉬운 요리와 함께 어떤 와인과 잘 어울리는지 페어링 팁도 친절하게 알려드립니다.

이 책을 쓰는 동안 페어링이란 마치 일기와 같다는 생각을 했습니다. 그날 있었던 일을 서술한다는 점은 같지만, 누구도 같은 내용을 쓸 수는 없죠. 일기를 쓰다 보면 일상의 사실뿐 아니라 내면을 떠도는 자신의 의식 안으로 들어가게 됩니다. 페어링을 시도하는 동안 여러분은 자신이 먹고 마시는 습관, 좋아하는 맛과 싫어하는 맛의 조합, 나를 과거로 돌려놓는 맛의 기억, 익숙한 향과 거슬리는 냄새까지 스스로를 둘러싼 취향을 찾아가는 여정을 떠나게 됩니다. 부디 이 책과 함께 많은 분들이 내 취향의 무늬를 발견하고, 그로 인해 일상의 풍요로운 순간을 만날 수 있기를 바랍니다.

끝으로, 이 책이 나올 수 있도록 함께해 주신 분들이 있습니다. 꼼꼼한 손길로 다듬어 주신 책의 시작과 끝, 한스미디어의 이나리 팀장님, 공들인 사진으로 책의 완성도를 높여준 김태훈 사진작가님 그리고 우리의 리더인 정리나 디렉터님께 진심으로 감사의 인사를 드립니다.

백은주(와인 교육가)

1

The Basic of Food & Wine Pairing

음식과 와인 페어링의 기초

2

Recipes with Wine Pairings

와인과 잘 어울리는 요리

106

110

1. 스파클링 와인과 어울리는 요리

2. 화이트 와인과 어울리는 요리

라이트 보디 화이트 와인과 어울리는 요리

118

128

3. 오렌지/로제 와인과 어울리는 요리

136

4. 레드 와인과 어울리는 요리

202

풀 보디 레드 와인과 어울리는 요리

220

5. 스위트/주정 강화 와인과 어울리는 요리

238

242

The Basic of Food & Wine Pairing

1

음식과
와인 페어링의
기초

음식과 와인 페어링을 시작하기 전에

1

십수 년 전 와인 강의를 처음 시작했을 무렵의 일이다. 당시 유독 '푸드 앤 와인'에 관한 강의 요청이 많았다. 와인에 대한 사람들의 관심도가 높아지면서 자연스레 '음식과 와인' 역시 인기 있는 주제가 되었기 때문이다. 프랑스 와인 유학 시절 음식 페어링에 관한 내용을 같이 배우기도 했고, 심지어 '한국 음식에 어울리는 와인'을 주제로 소논문도 쓴 적이 있었다. 그래서 처음에는 그저 학교에서 배운 대로 가르치면 되겠거니 하고 가볍게 생각했다. 음식과 와인이라니, 먹고 마시는 평범한 일에 누가 그렇게까지 적극적인 반기를 들까 싶기도 했다. 그래서 의욕적으로 '푸드 앤 와인' 수업의 커리큘럼을 짰다. 살짝 강의 욕심도 났다. 아마 잘될 것이라는 막연한 자신감도 있었다.

하지만 결과적으로 내 예상은 완전히 틀리고 말았다. 분명 수업에서 배운 대로 음식과 와인의 매칭을 시도했건만 사람들의 반응은 예상 밖이었다. 예를 들어 매운 음식에 어울리는 와인을 고른다고 가정해 보자. 당연히 서양의 정석적인 페어링 이론에 근거해 리슬링과 게뷔르츠트라미너 품종의 와인을 추천했다. 매운 음식은 달콤한 과실 향이 강한 화이트 와인과 함께 매칭해야 한다고 배웠기 때문이다. 하지만 사람들의 반응은 시큰둥했다. 오히려 추천한 화이트 와인보다 매운 향이 강한 레드 와인을 선호하는 사람들이 더 많았다. 교과서에서는 최악의 매칭일 거라고 했던 와인들이 도리어 우리 입맛에는 더 잘 맞았다. 맛의 호불호와 차이점을 비교하기 위해 내가 준비해 간 와인들은 수업에서 제 역할을 하지 못했다.

시간이 지나 곰곰이 생각해 본 끝에 얻은 결론은 바로 '문화 차이'였다. 프랑스에서 배운 페어링 이론들은 어디까지나 유럽 사람들의 입맛에 맞게 만들어진 공식이었다. 평생 김치를 먹으며 살아온 우리의 입맛과 맞을 리 만무했다. 생각해 보면 너무 당연한 논리인데, 지금까지 배워온 지식과 현실의 간극 사이에서 적절한 정답을 분별해 내기가 그때만 해도 무척 어려웠다.

나는 음식과 와인 페어링에 대해 다시 한번 진지하고 비판적으로 생각해 보기로

했다. 기존의 이론을 존중하되 우리 입맛에 맞는 페어링을 고민했다. 나부터가 일단 모든 고정관념을 내려놓고 우리의 식문화와 배경을 충분히 고려한 조합을 새롭게 연구해 봐야겠다고 생각했다. '정해진 답은 없다'라는 열린 자세로 음식과 와인 페어링 강의를 거듭할수록 나름의 경험이 쌓이고 데이터도 축적되었다. 시간이 흐르면서 나만의 페어링 공식에 대한 재미도 생기고 보람도 느끼게 되었다.

지금도 여전히 많은 분들에게 '와인은 어떤 음식과 같이 먹어야 하느냐'는 질문을 자주 받는다. 사실 어느 분야든 결국 스스로 겪어보고 부딪쳐 봐야 그 답을 알 수 있다. 많이 먹고 마시면서 경험을 쌓는 것이 제일이다. 모두를 만족시킬 절대적인 답, '신의 한 수'란 없다. 그렇다고 무작정 경험이 많다고 될 일도 아니다. 음식과 와인을 페어링한다는 것은 '음식과 와인을 이어주는Match 것'이다. 서로에게 어울리는 이상적인 조합Ideal pair을 찾아내야 한다. 나는 이것을 '저울 게임'이라고 부른다. 음식과 와인을 마치 양팔 저울에 올려놓은 듯 밸런스를 맞춘다는 뜻이다. 여기서 가장 중요한 목표는 바로 '조화Harmony'다. 음식과 와인의 맛, 성분, 심지어 아로마까지 서로가 가진 특징이 조화롭게 어우러져야 한다. 조화롭다는 것은 결국 균형감Balance의 결과이니, 맛의 저울이 평행을 이루었을 때 비로소 먹는 사람도 '조화로움'을 만끽할 수 있다. 요리가 와인을 압도하거나 와인이 요리를 압도해서는 안 된다. 이를테면 음식의 무게감은 어느 정도인지, 풍미가 진한지 연한지, 평소 자신이 즐기는 맛이 무엇인지를 생각해 본 후 페어링을 고민해야 한다. 그리고 그 위에 와인을 사뿐하게 얹어야 한다. 와인, 음식 둘 중 하나가 기우뚱 한쪽으로 기울어지면 안 된다. 그렇다면 저울 게임을 통해 우리가 얻게 되는 궁극적인 즐거움은 과연 무엇일까? 바로 '시너지 효과'다. 음식과 와인을 따로 먹었을 때보다 조합해서 먹었을 때 맛이 더 좋아질 뿐 아니라, 나아가 완전히 새로운 맛까지 창조해 내는 것이다.

언젠가 '음식과 와인' 수업을 진행하던 중 유독 한 중년 남성이 눈에 띄었다. 그분은 다른 사람들이 최고점을 주는 음식에는 최저점을, 다른 이들의 최저점에는 혼

자서 최고점을 주고 있었다. 처음부터 끝까지 홀로 정반대의 답을 내놓고 있으니, 다가가 묻지 않을 수 없었다. '음식을 평가하는 기준'이 무엇인지를 여쭤보았다. 그러자 돌아온 대답을 지금도 잊을 수가 없다. "안주를 먹고 술이 쫘악 당기면 1등, 술이 안 당기면 꼴등인데요." 그분은 음식과 와인의 시너지 점수가 아닌 안주 점수를 매기고 계셨던 것이다. 물론 이 역시 와인을 즐기는 하나의 방법일 수 있다. 하지만 내가 생각하는 음식과 와인 페어링의 미덕은 음식과 와인이 서로를 더욱 살려주는 것이다. 생선회를 예로 들어보면 쉽게 이해할 수 있을 것이다. 회를 먹을 때는 우선 소스 맛과 생선 맛 어디에 더 집중할지를 선택해야 한다. 곁들여 먹는 소스가 과하면 생선 고유의 풍미를 느끼기 어렵다. 생선은 그저 씹는 질감만 날 것이고, 설사 맛있게 느껴졌다고 해도 아마 초장의 맛일 확률이 높다. 반면 간장이나 소금에 회를 살짝 찍어 먹으면 간장(소금)의 감칠맛과 생선의 감칠맛이 만나 전체적인 감칠맛이 상승한다. 재료와 간장(소금) 어느 것 하나 움츠러들지 않는다. 이는 음식과 와인의 페어링에 있어서도 마찬가지다. 음식과 와인이 서로의 맛을 끌어올리는 시너지 효과를 내는 것이 바로 이 책을 읽는 우리의 목표다.

이 책을 통해 음식과 와인을 맛보고, 가능하다면 2장에 소개될 레시피로 요리도 직접 해보며 각각이 지닌 풍미의 성질과 활용법을 경험해 보자. 모든 것이 페어링을 탐구해 가는 하나의 과정이다. 물론 책을 벗어난 나만의 자유로운 실험도 얼마든지 가능하다. 이 책에서 제안하는 가이드가 모두에게 맞지 않을 수 있다. 그러니 책에서 이야기한 그대로를 먹어보는 데 큰 의미를 두지는 말자. 편견 없이 다양한 음식과 와인을 맛보고, 마지막으로 둘을 동시에 음미하며 맛과 풍미가 어떻게 달라지는지 스스로 확실히 느껴봐야 한다. 그렇게 자기만의 데이터를 축적해 나가는 것이다. 평소 음식과 와인을 많이 매칭해 본 사람일수록 더 많은 데이터가 쌓여 있을 테니 거기서 자연스럽게 나오는 '감'은 초보자가 당해낼 수 없다.

이렇게 써놓고 보니 누군가는 '페어링이란 결국 즐기는 것보다는 고행에 가까운 일 아닌가' 하는 걱정이 들 수도 있겠다. 하지만 제대로 된 음식과 와인이 한자리에 놓인 경험을 한 번이라도 해본 사람이라면 알 것이다. 예상한 그 이상의 맛이 나타날 때의 놀라운 재미를 말이다. 이를테면 와인 중에서도 피노 셰리 와인은 뜨악한 맛으로 유명하다. 알코올 도수도 높은 데다 문제는 이상하리만치 독특한 향이다. 와인에서 날콩 같은 비릿한 향이 올라온다. 얼핏 증류식 소주와 비슷한 풍미 같기도 하다. 누구든지 피노 셰리를 처음 테이스팅한 후 '바로 이 맛이야!'라며 밝은 표정을 짓기란 쉽지 않다. 하지만 여기에 딱 맞는 음식을 함께 곁들인다면 상황은 완전히 달라진다. 내가 경험한 반전은 바로 과메기였다. 과메기를 먹고 피노 셰리를 마셔보면 다들 '어라, 어떻게 이런 맛이 나오지?' 하는 놀란 표정을 짓는다. 불쾌감이 경이로움으로 변하는 순간이다. 이느새 과메기의 비릿한 맛은 사라지고 피노 셰리의 독특한 맛은 견과류 풍미로 바뀐다. 뿐만 아니라 둘의 상승효과로 인해 고소함이라는 새로운 맛까지 만들어낸다. 반전을 주는 음식과 와인의 새로운 만남, 그 순간에만 경험할 수 있는 짜릿함이 있다. 그러니 우리가 음식과 와인 페어링을 배워야 할 이유는 충분하다. 지금부터라도 와인을 그리고 음식을 보다 적극적으로 편견 없이 즐겨 보면 어떨까. 와인은 까다로운 지식으로 여러분를 괴롭히려고 존재하는 것이 아니다. 그리고 무엇보다 이제부터 여러분이 믿어야 하는 전문가는 바로 당신, 더 정확하게는 당신의 입맛이다.

음식과 와인 페어링, 어떻게 접근해야 할까?

마리아주,
까다롭고 어려운 길

사실 대부분의 와인은 음식을 먹기 위해서 존재한다. 음식이 없다면 와인은 수많은 알코올 중 하나에 불과하다. 예를 들어 설렁탕을 깍두기 없이 먹는다고 상상해보자. 만약 칼국수에 겉절이가 없다면? 아니면 신김치 없는 라면을 먹는다면 어떨까? 상상만으로도 허전함이 든다. 한국 요리와 김치처럼 와인에도 꼭 어울리는 단짝 요리가 있다. 음식과 와인을 페어링한다는 것은 와인에 딱 맞는 파트너를 찾아주는 것과 같다. 그래서 프랑스에서는 이를 두고 페어링이란 단어 대신 마리아주Marriage(결혼)라고 표현하기도 한다. 잘 어울리는 마리아주는 각각의 장점을 돋보이게 하며, 함께 먹었을 때 훨씬 조화로운 맛을 경험할 수 있다. 반대로 최악의 만남이라면 서로의 풍미가 부딪혀서 본래의 맛까지 잃어버리게 된다. '와인을 살 때는 사과랑 같이 먹어보고, 팔 때는 치즈와 함께 먹여라'라는 프랑스 속담이 있다. 똑같은 와인이라도 무엇과 함께 먹느냐에 따라 그 결과는 판이하게 달라진다. 잘 어울리는 음식과 와인의 매칭은 서로가 가진 장점을 북돋아 상승효과를 만든다. 그래서 와인에 맞는 음식을 고르는 일은 마리아주, 결혼만큼이나 어렵고 또 신중해야 한다.

와인과 음식의 마리아주를 위해 사람들은 몇 가지 방법을 선택할 수 있다. 먼저 자연스러운 만남 추구, 일명 '자만추 형'이다. 이 유형은 '그냥 편하게 좋아하는 와인을 마시고 좋아하는 음식 먹으면 되지, 뭐 그리 복잡하게 맞추고 먹느냐'는 생각을 가진 사람들이다. 이런 만남도 정말 행복할 수 있다. 내가 맛있다는데 누가 뭐라고 할 것인가. 하지만 이 선택에는 리스크가 따른다. 바로 지나치게 주관적이라는 것이다. 다른 사람에게 특정 메뉴를 추천하거나 여럿이 함께 음식을 먹을 경우 나와 똑같은 만족감을 상대방에게 기대할 수 없다. 예를 들어 많은 분들에게 김치찌개와 어울리는 와인을 추천받았지만 한 번도 그 와인이 같았던 적이 없다.

이쯤 되면 모두가 그냥 자신이 좋아하는 와인을 김치찌개와 마셔온 게 아닌가 싶을 정도다. 그만큼 자만추 형 마리아주는 방대하며 주관적이다.

두 번째는 '사주 궁합 형'이다. 모든 요소를 끼워 맞춘 다음에야 비로소 음식과 와인을 식탁에 올릴 수 있는 유형이다. 평소에 이렇게까지 하는 사람들은 사실상 많지 않다. 그런데 아이러니하게도 책이나 음식과 관련된 정보성 글에는 이러한 유형의 사례가 많이 나온다. 스테이크의 익힘 정도에 따라, 또는 사용하는 소스에 따라 어울리는 와인에 변수가 생긴다든가 심지어 가볍게 즐기는 햄버거조차 필링에 따라 페어링하는 와인이 달라진다고 한다. 이렇게 복잡한 페어링 규칙들은 와인 초보자들에게는 사실상 괴로운 과제에 가깝다. "음식의 단맛은 와인의 드라이함, 쓴맛, 신맛을 강화하고 단맛, 과일 풍미를 약화한다." 설사 이 문장이 맞다 한들 매번 와인을 마실 때마다 이렇게 이론을 적용해서 마시는 사람이 과연 얼마나 될까?

미루어 보건대 대부분의 사람들은 '자만추 형'과 '사주 궁합 형' 사이 어딘가에 존재하고 있을 것이다. 음식과 와인의 마리아주란, 와인에 어울리는 음식을 소개해주는 가벼운 소개팅에 더 가까운 거 같다. 마치 누군가의 인상(주요 특징)을 보고 내 주변에서 어울릴 것 같은 성격(성분)을 지닌 사람을 떠올리며 즐겁게 소개해주는 것처럼 말이다. 이러한 과정을 통해서 우리는 새로운 발견을 하게 되며, 나아가 식사에 즐거움이 더해지는 마법 같은 순간을 만나게 된다.

와인이 먼저냐 음식이 먼저냐

"음식을 먹다가 와인을 마시면서 같이 씹는 게 맞을까요? 아니면 와인을 삼키고 그다음에 음식을 먹는 게 맞을까요?" 수업을 하다 보면 간혹 듣게 되는 질문이다. 보통 "편하신 대로 드시면 됩니다."라고 답변해 드리지만, 사실 이 질문은 생각보다 중요하다. 희한하게도 먹는 순서가 달라지면 맛도 달라지는 경험을 하게 되기 때문이다. 이 두 가지의 차이점을 이해하기 위해서는 우선 입안의 '뒷맛'을 상상해 보는 것이 필요하다. 짜장면을 먹고 단무지를 먹었을 때의 뒷맛과 단무지를 먼저 먹고 짜장면을 먹었을 때의 뒷맛은 과연 같을까? 단순히 음식을 먹는 순서만 바뀌었을 뿐인데 뒷맛은 크게 다르게 느껴질 것이다. 다시 음식과 와인 먹는 순서로 돌아가보자. 아까의 질문에 다시 한번 진지하게 답변을 한다면, "메인이 되는 맛이 무엇인지를 먼저 결정하세요."가 될 것이다.

와인과 음식의 순서는 개인의 취향보다는 상황에 더 큰 영향을 받는다. 만약 음식이 메인이라면 음식을 먼저 먹고 나중에 와인을 마시는 것이 적절한 순서일 것이다. 이 경우 음식이 입안에 있는 동안 와인을 마시고, 그 음식의 맛이 와인과 어떻게 어우러지는지를 본다. 프랑스에 있는 동안 프랑스인들과 같이 식사를 하면서, 딱 우리가 국물을 떠먹을 타이밍에 이들은 와인을 마신다는 걸 포착했다. '아, 이들은 국이 없으니 와인을 국 대신 삼는구나'라고 이해하게 되었다. 그러나 반대로 와인이 식사의 메인이 되는 경우라면 상황은 달라진다. 특별히 좋은 와인을 준비했고 그 와인을 충분히 음미하고 싶다면, 와인을 국물 삼아 먹으면 맛을 충분히 느끼기 어렵다. 이럴 때는 먼저 와인만 마시며 온전히 그 맛을 음미해 본다. 이어서 와인을 조금 마신 후 음식을 한 입 먹고, 다시 와인을 마셔보며 와인이 입안에서 어떻게 변화하는지를 살핀다. 그렇게 해야 와인이 가진 맛과 향을 좀 더 집중적으로 느낄 수 있다. 사실 이때 음식은 식사보다는 안주에 가깝다. 안주란 본래 '술을 즐겁게 한다'라는 뜻이다. 술을 즐겁게 해주기 위해서 음식은 뒤로 물러나 줘야 한다. 살짝 간이 세도 좋다. 소금은 알코올을 흡수하고 와인의 타닌과 신맛을 잡아주는 역할을 한다. 다시 말해 음식의 짠맛이 와인의 풍미를 보다 안정적으로 만들어 준다. 그 결과 와인과 음식, 어느 한쪽이 튀지 않고 부드럽게 입안에서 넘어가게 되는 것이다.

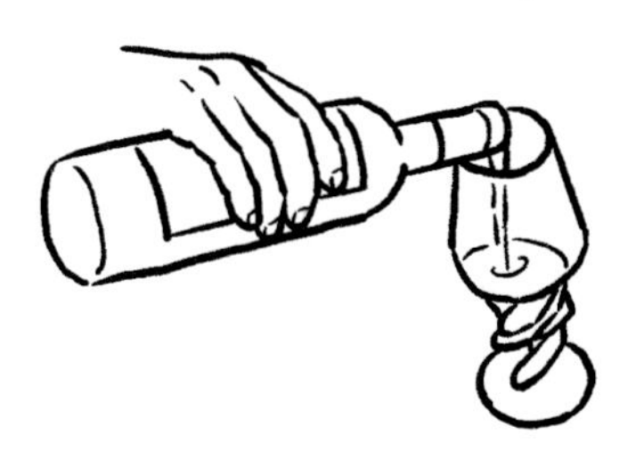

페어링의 기본: 음식과 와인의 맛을 끌어내는 3가지 방법

음식과 와인 맛을 끌어낼 수 있는 방법은 다양하며,
주로 향미 성분에 따라 달라진다.
하지만 어떤 상황에서든 '맛을 찾아주는' 기본 법칙들이 몇 가지 있다.
여기서는 여러분이 음식과 와인 페어링을 할 때
유용하게 쓸 수 있는 방법 3가지를 소개한다.

3

정해진 짝은 따로 있다고? 로컬 메뉴를 알아본다

풍천 장어는 전라북도 고창 선운사 주진천 일대에서 자란다. 이곳은 서해의 바닷물과 인천강의 민물이 만나는 지역이다. 풍천은 '바닷바람이 드나든다'는 뜻이니, 이 지역에서 민물과 바닷물을 오가며 자란 장어를 두고 풍천 장어라 부르는 것이다. 그런데 고창에는 장어 말고도 으뜸으로 꼽히는 것이 있다. 바로 복분자주다. 고창의 복분자도 서해안의 해풍을 맞으며 자란다. 자연스레 소금기를 머금은 맛이다. 그런 의미에서 풍천 장어에 선운사 복분자주가 어울리는 것은 어찌 보면 당연하다. 와인 역시 그렇지 않을까? 그 지역에 사는 사람들에게는 자신들의 식탁에 가장 잘 어울릴 만한 와인이 필요했을 것이고, 여기에 맞는 스타일 대로 와인을 만들었을 확률이 크다. 나라나 지역마다 풍토는 달라도, 자연은 그곳에서 태어난 음식과 와인을 힘들이지 않고 연결해 준다. 이것이 '테루아'의 바탕이 된다. 우리식으로 표현하면 '신토불이'다. 와인과 음식을 매칭하는 가장 자연스러운 방식은 바로 신토불이며, 현지 음식을 능가할 최고의 안주는 없다.

자연이 맺어준 와인과 음식의 페어링 법칙은 오랜 세월에 걸쳐 검증되어 왔다. 예를 들어 카베르네 소비뇽 품종이 유명한 보르도 포이약 마을의 레드 와인과 새끼 양 요리의 조합이 있다. 보르도 좌안 지역은 대서양 옆에 자리한 곳으로 자갈밖에 없는 척박한 땅이다. 이런 환경에서는 가축을 키우기가 어렵다. 하지만 이곳에서 유일하게 적응한 동물이 양이다. 그렇게 해서 '양고기와 레드 와인'이라는 페어링의 고전이 탄생했다. 특히 카베르네 소비뇽 품종은 민트 같은 허브 향으로도 유명하다. 그러니 양고기에 민트 젤리 소스를 곁들이는 건 우연이 아니다. 아주 자연스러운 결과다. 상상해 보자. 보드랍지만 탄탄한 육질의 양고기와, 높은 산도에 단단한 타닌을 지닌 레드 와인이 손을 잡는다. 와인과 양고기는 입안에서 공중 곡예를 하듯 섞이다가 민트 향에 산뜻하게 착지한다. 그러고 보면 스페인의 리오하 지역이나 프랑스의 북부 론 지역의 레드 와인이 모두 양고기와 어울리는 건 우연이 아니다. 이 지역은 모두 와인 산지로 유명한 곳이다. 그러니 땅이 무척 척박했을 것이고 전통적으로 양을 키웠던 지역이었을 것이다.

'신토불이 매칭'하면 떠오르는 기억이 하나 더 있다. 언젠가의 강의에서 일어난 일이다. 레스토랑에서 음식과 와인을 고르고 매칭해 보는 수업이었다. 미리 조별로 세트 메뉴 하나를 고르고, 자신들이 고른 메뉴에 어울리는 와인을 준비해 오기로 했다. 그리고 식사 전에 그 조가 준비해 온 와인을 발표하는 것이다. 물론 서로 먹어보며 평가도 해본다. 대부분이 알아서 메뉴에 맞는 와인을 잘 챙겨왔다. 하지만 다들 번번이 실패하는 메뉴가 하나 있었다. 바로 폭립이었다. 폭립의 육질 자체는 무겁지 않다. 반면 육향이 세고 아메리칸 스타일의 소스도 풍미가 강한 편이다. 그래서 타닌이 너무 강해서도 안 되지만 그렇다고 가볍고 섬세한 레드 와인은 고기와 소스의 향을 이기지 못한다. 고기는 비려지고 와인은 쓰게 느껴진다. 몇 번의 실패를 겪고나자 요령이 생겼다. 폭립을 선택한 조에 정답을 살짝 흘려주었다. "폭립이 아무래도 미국 음식이니까 대표적인 미국 품종을 가져오면 잘 어울리지 않을까요?" 진판델을 가져오라는 소리다. 그 뒤로부터 폭립과 진판델 조합은 만범순풍이었다. 그러던 어느 날 한 조에서 "선생님, 진판델이랑 폭립도 어울리지만 같이 나온 감자튀김이랑 먹으면 더 맛있어요."라고 권했다. 그동안 수업에 집중하느라 나 역시 사이드 음식까지 와인과 매칭해 볼 여유가 없었던 거다. 감자, 그것도 기름기 많은 감자튀김과 레드 와인이 잘 어울린다고? 큰 기대감 없이 먹어본 감자튀김과 진판델은 그야말로 유레카의 조합이었다. 감자튀김과 함께한 진판델은 더 이상 술이 아니었다. 토마토케첩과 설탕을 범벅한 듯 감자튀김에 어울리는 달콤한 소스로 변신해 있었다. 이유를 도무지 알 수가 없었다. 나중에서야 심증이 갈 만한 단서를 찾았다. 그 냉동 감자튀김이 바로 미국산이었다고 한다.

이 글을 읽으며 어딘가 의심스럽다 느끼는 사람이 있을 수도 있다. 어쩌다 우연이 겹친 거겠지. 그런 의심이 든다면 해안가 근처에 위치한 와인 생산지를 한번 방문해 보라고 권하고 싶다. 그리고 배가 고플 때쯤 현지 레스토랑에 들러 로컬 생선 요리와 그 지역의 레드 와인을 같이 주문해 보는 것이다. 아마도 “진한 레드 와인과 생선이 어울린다고? 너무 비릴 거 같은데?” 하는 의심이 들겠지만 직접 맛보며 확인해 보시라. 믿을 수 없을 만큼 잘 어울릴 것이다. 어떻게 그럴 수가 있냐고? 타고나길 그렇게 만들어진 조합이다. 멀리 갈 것도 없다. 당장 순창의 복분자주와 장어만 봐도 인정할 수밖에 없다. 이처럼 음식과 와인의 산지만 맞춰도 일단 반 이상은 먹고 들어간다. 여러분이 로컬 메뉴들의 조합을 많이 기억할수록 페어링의 기본 점수도 쑥쑥 올라갈 것이다.

우리가 무엇을 먹고 마시는지는 단순한 선택 이상의 의미를 지닌다. 음식과 와인을 매칭함으로써 우리는 자연의 조화를 경험하고, 그 지역의 문화와 토지가 음식에 미치는 영향을 발견할 수 있다. 한 지역의 특산물을 먹으면서 그 지역에서 생산된 와인을 함께 마신다면, 그 맛을 통해 테루아와 인간의 노력, 문화와 전통을 모두 경험해 볼 수 있다. 그리고 이러한 과정을 통해 음식과 와인은 우리가 사는 세계와 그 안에 존재하는 다양한 연결 고리까지 자연스럽게 혀에 각인시킨다.

로컬 메뉴와 산지 와인을 연결한 추천 페어링

France
프랑스

REGION	FOOD	WINE
알자스	**뵉케프**Baeckeoffe (캐서롤 오븐구이)	알자스 리슬링 화이트 와인
프로방스	**니수아즈 샐러드**Niçoise Salad (니스식 샐러드)	프로방스 로제 와인
부르고뉴	**코코뱅**Coq au vin (닭찜)	부르고뉴 피노 누아 레드 와인
보르도	**지고 다뇨**Gigot d'agneau (양다리 구이)	보르도 카베르네 소비뇽 레드 와인
보르도	**푸아그라**Foie gras (거위 간)	소테른 스위트 와인

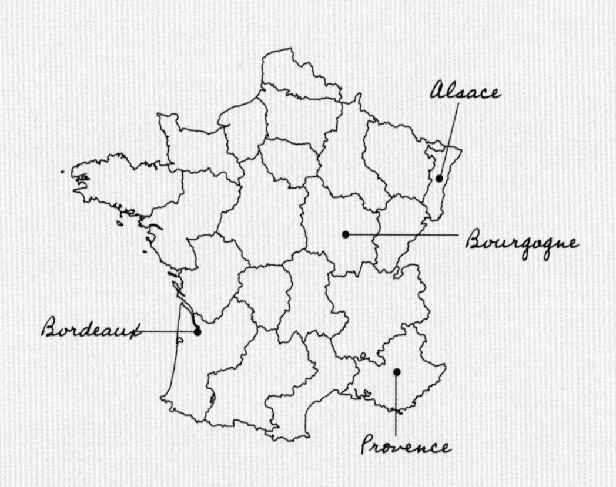

Italia
이탈리아

REGION	FOOD	WINE
베네토	**카르파초**Carpaccio	소아베 또는 발폴리첼라 와인
토스카나	**비스테카 알라 피오렌티나** Bistecca alla Fiorentina (피렌체식 티본 스테이크)	산지오베제 품종의 부르넬로 디 몬탈치노 레드 와인
토스카나	**토마토 피자**	산지오베제 레드 와인
피에몬테	**스트라코토 디 파소나 피에몬테제** Stracotto di Fassona Piemontese (피에몬테식 쇠고기조림)	바롤로의 네비올로 레드 와인

Germany
독일

FOOD	WINE
브라트부르스트Bratwurst (독일 소시지)	리슬링 화이트 와인
자우어크라우트Sauerkraut (절인 양배추와 감자 그리고 샤퀴테리찜)	독일 화이트 와인

Spain
스페인

REGION	FOOD	WINE
갈리시아	**풀포 아 페이라**Pulpo a feira (문어 감자 요리)	리아스 바이사스의 알바리뇨 화이트 와인
발렌시아	**파에야**Paella	발렌시아 지방의 모나스트렐 로제 와인

Portugal
포르투갈

REGION	FOOD	WINE
포르투	**바칼라우**Bacalhau (소금에 절인 대구)	포르투의 화이트 포트 주정 강화 와인

Austria
오스트리아

FOOD	WINE
바이너 슈니첼 Wiener Schnitzel (비엔나식 소고기 커틀릿)	그뤼너 벨트리너 화이트 와인

Argentina
아르헨티나

FOOD	WINE
아사도Asado (소고기 바비큐)	말벡 레드 와인

South Africa
남아프리카공화국

FOOD	WINE
빌통Biltong (육포)	피노 타주 레드 와인

2017
Château
Lafleur du Roy
Pomerol

방법 2

유유상종, 비슷하면 잘 어울린다

와인과 음식의 원산지를 맞추는 방식이 아무리 유용하더라도, 실제로 이를 매번 실천하기는 어렵다. 와인을 마실 때마다 세계 곳곳의 지역 음식을 찾아다닐 수는 없기 때문이다. 그래서 다음에 나올 두 번째 방법이 더욱 중요하다. 바로 '유유상종'이다. 비슷한 특성을 가진 음식과 와인을 매칭하는 것이다. 비슷한 성질끼리 만나면 풍미는 더욱 강렬한 매력을 드러내는데, 유유상종 법칙은 이러한 상승 작용을 노리는 것이다. 예를 들어 소고기뭇국에 다시마를 넣는 것과 비슷하다. 육수를 낼 때 다시마를 넣어서 우리면 감칠맛 나는 식물성 재료(다시마)와 동물성 재료(소고기)가 만나 전체적인 감칠맛이 몇 배로 증가한다.

이를 음식과 와인에 어떻게 적용해 볼 수 있을까? 먼저 맛을 떠올려 보자. 와인과 음식에는 신맛, 단맛, 매운맛 등 매우 다양한 맛이 들어 있다. 아로마를 통한 조합도 가능하다. 과실 향, 민트 향, 후추 향, 스모키한 풍미 등이다. 때로는 가격도 고려할 수 있을 것이다. 고가의 와인 그러니까 전설적인 그랑 크뤼 와인을 저렴한 패스트푸드와 함께 먹고 싶지는 않기 때문이다(혹시 그런 경험이 있으시다면 부러울 따름이다). 또는 와인의 빈티지, 즉 나이를 맞추는 방법도 있다. 예를 들어 와인과 치즈를 매칭하는 경우다. 콩테 치즈와 레드 와인을 매칭한다고 가정했을 때, 나이 든 와인에는 비슷하게 숙성이 오래된 치즈를 연결해 주는 것이 좋다. 와인의 나이에 비례해 치즈의 나이도 맞춰야 한다. 이처럼 음식과 와인이 가진 공통적인 기준을 찾고 나면 보다 쉽고 다양하게 페어링 조합을 생각해낼 수 있다. 그중에서도 가장 알기 쉬우면서 정확한 유유상종의 세 가지 조건을 다음에서 소개한다.

비슷한 무게감으로 맞춘다

음식과 와인의 무게감을 비슷하게 맞춰보자. 이는 마치 스포츠 경기에서 체급을 맞추는 것과 같다. '가벼운 것은 가벼운 것끼리, 무거운 것은 무거운 것끼리' 찾아야 한다. 누군가 '음식과 와인을 잘 매칭하는 방법을 알려주세요'라고 조언을 구한다면 그 첫 번째 대답은 바로 무게감이 될 것이다. 그만큼 무게감은 음식과 와인이 균형감을 이루는 데 중요한 역할을 한다. 와인의 무게감, 즉 보디Body는 와인 페어링에서 기본 중의 기본이다. 물론 각자가 느끼는 무게감의 기준에는 개인차가 있을 수 있지만 포도 품종이 지닌 무게감은 보다 뚜렷하게 차별화된다. 화이트 와인을 예로 들어 보자. 소비뇽 블랑 품종이 라이트 또는 미디엄 보디의 와인이라면, 오크 숙성한 샤르도네 품종 또는 세미용 품종으로 만든 것은 대개 풀 보디 와인이다.

이에 비해 음식의 무게감은 설명이 필요 없을 정도로 쉽다. 새우, 소라살, 뱅어 그리고 도다리 같은 해산물은 가벼운 편에 속한다. 가벼운 해산물이나 생선에는 와인도 가벼운 무게감으로 받아주는 것이 좋다. 반면 메기, 청어, 장어처럼 기름지고 무거운 생선에는 무거운 와인이 필요하다.

레드 와인의 경우도 마찬가지다. 예를 들어 안심 스테이크는 지방질이 적고 육질이 부드럽다. 그래서 중간 정도 무게감의 메를로 품종이나 신대륙 피노 누아 품종을 추천한다. 반면 토마호크 스테이크는 마블링이 많고 지방이 많아 육즙이 진하다. 그래서 풀 보디 와인인 호주 쉬라즈, 카베르네 소비뇽, 또는 시라와 그르나슈를 블렌딩한 레드 와인이 적합하다. 여기까지는 누구나 쉽게 따라올 수 있다. 무게감 매칭은 그다음 단계가 더욱 중요한데, 바로 텍스처다.

사람들은 보통 텍스처와 보디의 개념을 혼동하곤 한다. 텍스처는 식감Mouthfeel을 말한다. '아삭하다, 부드럽다, 크리미하다' 같이 표현한다. 음식의 텍스처는 육류의 부위에 따라서도 달라진다. 닭가슴살은 닭날개에 비하면 무겁고 지방이 적어 퍽퍽하다. 반면 닭다리살은 무거우면서도 부드럽다. 음식의 소스 역시 텍스처에 큰 영향을 준다. 버터나 생크림을 소스로 사용하면 음식이 부드러워진다. 무겁고 크리미한 음식을 먹을 때는 와인도 무겁고 크리미해야 한다. 와인의 크리미함은 주로 양조 방식에서 얻어지는데, 젖산 전환MLF을 거쳤거나 오크통 발효, 오크 숙성을 거치면서 와인이 크리미하고 부드러워진다. 특히 젖산 전환이 중요한 역할을 한다. '와인 마시는 일에 이렇게까지 복잡할 일인가' 싶다면 간단하게 외우면 된다. 크리미하고 부드러운 요리에는 젖산 전환한 와인을 매칭하자! 대부분의 와이너리나 수입사의 와인 설명서에는 그 와인의 양조 과정이 적혀 있으므로 참고하길 바란다.

포도의 품종별 무게감

White
화이트 품종

가벼운 무게감
피노 그리지오, (일부) 리슬링, 소비뇽 블랑, 알리고테 등

중간 무게감
슈냉 블랑, 세미용, 게뷔르츠트라미너, (일부) 샤르도네 등

무거운 무게감
샤르도네, 비오니에, 그르나슈 블랑 등

피노 그리지오
리슬링
베르데호
실바너
알리고테
소비뇽 블랑
피노 그리
슈냉 블랑
그뤼너 벨트리너
베르멘티노
게뷔르츠 트라미너
세미용
그르나슈 블랑
마르산
루산
비오니에
샤르도네

가벼움 ↔ 무거움

Red
레드 품종

가벼운 무게감
피노 누아, 가메, 코르비나, 돌체토 등

중간 무게감
바르베라, 산지오베제, 그르나슈(가르나차), 카베르네 프랑, (일부) 메를로 등

무거운 무게감
카베르네 소비뇽, 시라(쉬라즈), 말벡, 타나 등

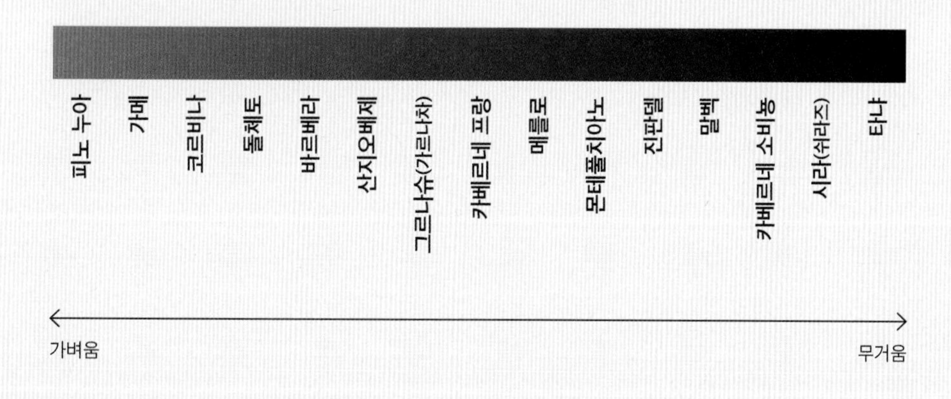

비슷한 컬러로 맞춘다

비슷한 색깔로 음식과 와인을 맞추는 것은 매우 쉽고 간단하지만 마법처럼 효과가 좋은 방법이다. 오히려 이론치고 너무나 사소하다 생각해 자칫 무시해버리기 쉬운 포인트다. '생선은 화이트 와인, 고기는 레드 와인', 누구나 알고 있는 페어링 공식이다. 이러한 공식이 널리 알려지게 된 이유는 분명하다. 생선회에 레몬즙을 뿌리는 것처럼 와인의 신맛이 생선의 비린내를 줄여주기 때문이다. 레드 와인의 타닌은 고기를 부드럽게 해주므로 맛의 조화를 이룬다. 하지만 이 고전적인 매칭이 항상 완벽하게 들어맞는 것은 아니다. 그보다는 음식과 와인을 같은 컬러끼리 연결해 주는 편이 더 정확하다.

컬러 매칭의 방법에는 크게 두 가지가 있다. 첫째는 식재료의 색상을 고려하는 것이다. 예를 들어 흰살생선에는 소비뇽 블랑이나 샤르도네 품종으로 만든 화이트 와인이 잘 어울린다. 그러나 연어처럼 붉은 살 생선이라면 피노 누아 품종 같은 가벼운 레드 와인이 더욱 조화롭다. 육류의 경우에도 마찬가지다. 흰 살의 가금류는 흰살생선과 마찬가지로 화이트 와인이 더 잘 어울린다.

언젠가 프랑스 남부에 위치한 루시용 협회의 초대로 와인 산지에 방문한 적이 있다. 그때 지역의 유명 초콜릿 전문점Chocolaterie에 방문해 주정 강화 스위트 와인인 뱅 두 나튀렐VDN과 초콜릿 페어링을 즐길 수 있었다. 가장 먼저 주정 강화 화이트 와인인 뮈스카 드 리브잘트Muscat de Rivesaltes와 화이트초콜릿을 맛보았다. 그러고는 주정 강화 레드 와인인 바뉼스 리마쥬Banyuls Rimage와 말린 체리가 들어간 밀크초콜릿을, 마지막으로는 산화된 주정 강화 와인인 바뉼스 튈레Banyuls Tuilé와 견과류를 넣어 만든 다크초콜릿을 시식했다. 와인과 초콜릿의 비슷한 컬러만큼이나 달콤한 맛과 과실, 초콜릿, 견과류 향 그리고 식감까지 모든 것을 살려준 완벽한 페어링이었다(물론 내가 초콜릿을 좋아한 탓도 있을 것이다).

두 번째 팁은 바로 소스를 고려한 매칭이다. 앞에서 언급한 백색육을 예로 들어보자. 백색육에는 대체로 화이트 와인이 잘 어울린다. 만약 요리에 버터나 크림 소스 또는 들깨 소스가 들어가 크리미한 맛을 낸다면 젖산 발효 샤르도네 화이트 와인과 좋은 궁합이 될 것이다. 반대로 레드 와인을 넣고 조린 코코뱅 또는 간장이나 고추장 양념을 사용해 색깔이 진한 메뉴라면 레드 와인을 권하고 싶다. 이렇게 하면 음식과 와인이 가진 무게감과 풍미가 보완되어 완벽한 조화를 이룬다. 붉은 육류인 소고기를 먹을 때도 소스가 페어링의 중요한 포인트가 된다. 예를 들어 블랑케트 드 보Blanquette de veau는 크림소스 송아지 스튜다. 그래서 소고기지만 크리미하고 무거운 화이트 와인이 잘 어울린다. 샤르도네나 루산, 마르산 같은 품종이나 사부아Savoie, 쥐라Jura 지역의 화이트 와인을 추천한다. 소스의 크리미함과 와인의 산도가 조화롭게 어우러질 것이다.

컬러 페어링의 백미는 바로 로제 와인이다. 로제 샴페인과 딸기, 카베르네 당주와 바닷가재 요리, 타벨 지역의 묵직한 로제 와인과 연어 스테이크까지. 세상에는 셀 수 없을 만큼 매력적인 핑크색 페어링이 넘쳐난다. 떡볶이를 좋아한다면 진판델 품종으로 만든 오프 드라이 로제 와인을 추천하고 싶다. 이 와인은 로제 파스타와도 잘 어울린다. 로제 와인과 음식의 페어링은 언제나 우리를 실망시키지 않는다. 눈과 코 그리고 입맛까지, 모든 이들의 감각을 사로잡는 훌륭한 페어링이 될 것이다.

비슷한 풍미로 맞춘다

다음으로는 풍미를 활용해 와인과 비슷한 음식을 조화롭게 매칭해 보자. 많은 뛰어난 와인의 특징은 사실 맛이 아니라 향이다. 그만큼 와인에서는 '풍미'가 중요하다. 풍미Flavor란 맛Taste과 향Aromas을 모두 아우르는 단어다. 초콜릿 아이스크림을 먹는다고 상상해 보자. 입안에서는 가장 먼저 달콤한 맛을 느낄 것이다. 하지만 그게 다가 아니다. 코로는 풍부한 코코아 향을 맡으면서 입안에서는 아이스크림의 크리미한 질감과 차가운 온도의 산뜻함이 느껴진다. 이러한 감각을 통틀어 우리는 풍미라고 한다.

와인 안에는 수백 가지의 아로마 화합물이 존재한다. 그리고 우리는 이 향을 입과 코를 통해 감지한다. 와인의 향을 먼저 코로 맡아보고, 그다음 입안에서도 음미해 보자. 그러고 나서 그와 비슷한 풍미의 음식을 찾아보는 것이다. 이 방법은 와인에 맞출 안주를 찾을 때 특히 쓸모가 있다. 파인애플 플랑베는 파인애플에 술을 뿌린 다음 불에 살짝 그을린 디저트다. 이름 그대로 파인애플 향이 강렬하다. 이 요리를 파인애플 향이 나는 소테른 마을의 스위트 와인과 함께 먹어보자. 한입이면 충분하다. 마치 왈츠를 추는 커플처럼 풍미가 입안을 휘감아 돌 것이다. 언젠가 보졸레 마을의 가메 와인을 라즈베리 마카롱과 함께 먹어본 적이 있다. 그저 레드 와인 한 잔과 마카롱 한 개가 전부였다. 일반적으로 레드 와인은 디저트와 매칭하는 일이 드물다. 하지만 가메 와인과 마카롱을 이어주는 과일 아로마의 일치감만으로도 금세 입안을 가득 채운 만족감을 느꼈다.

오크 숙성한 화이트 와인이라면 훈제 생선이나 바비큐로 요리한 백색육과 매우 잘 어울린다. 숙성 과정에서 오는 와인의 스모키한 풍미와 음식의 훈제 향이 서로 상승작용을 일으켜 맛과 향을 더욱 풍부하게 만든다. 마찬가지로 사냥 고기 특유의 게이미Gamey한 향을 지닌 레드 와인은 붉은 육류와 좋은 짝을 이룬다. 고기의 향이 강할수록 와인의 아로마도 강해져야 한다.

일반적으로 샐러드와 와인은 그다지 어울리는 조합은 아니다. 풀과 알코올이 만나면 쓴맛을 내기 때문이다. 하지만 소비뇽 블랑 와인이라면 얘기가 달라진다. 이 품종은 유독 풀 향이 강하다. 메톡시 피라진Methoxypyrazine이라는 화합물 분자 때문이다. 소비뇽 블랑 와인이 가진 피망, 잔디 그리고 아스파라거스 등 식물성 아로마는 샐러드의 풋내를 잘 받아준다.

이탈리아의 네비올로 품종은 트러플 향으로 유명하다. 그래서 트러플 파스타나 트러플 리조토와 특히 잘 어울린다. 어쩌면 트러플 오일을 두른 쇠고기 짜파구리와 함께 마셔도 맛있지 않을까 싶다. 이처럼 풍미를 활용한 매칭은 별다른 노력 없이도 근사하고 만족스러운 상차림을 완성할 수 있으니, 가히 와인 페어링의 백미라고 할 수 있을 것이다. 피터 클로스Peter Klosse는 그의 논문 〈음식과 와인 페어링: 새로운 접근법Food and wine pairing: A new approach〉에서 풍미를 활용한 페어링을 특히 강조하며 힘을 실어 주었다 "풍미만 맞추면 (페어링에서) 와인의 컬러, 품종, 산지, 빈티지는 중요하지 않다."

다음 페이지에서 여러분이 풍미 페어링에 참조할 만한 품종별 와인 아로마를 구별해 정리해 보았다. 각 와인과 비슷한 풍미로 맛을 낸 요리를 조합해 보자.

품종별 와인의 아로마

White
화이트 품종

소비뇽 블랑	레몬, 라임, 자몽, 패션프루트, 구즈베리, 허니듀 멜론, 백도
알바리뇨	레몬 제스트, 자몽, 허니듀 멜론, 천도복숭아, 염분
샤르도네	레몬, 라임, 노란 사과, 배, 파인애플, 아몬드, 헤이즐넛, 꿀, 버베나 (일부 샤르도네는) 버터, 헤이즐넛, 브리오슈, 바닐라, 토스트
슈냉 블랑	레몬, 복숭아, 모과, 망고, 파인애플, 무화과, 브리오슈, 꿀, 말린 살구, 바나나 플랑베, 캐모마일
게뷔르츠트라미너	리치, 탕헤르 오렌지, 망고, 꿀, 장미, 진저브레드
비오니에	탕헤르 오렌지, 복숭아, 망고, 인동, 장미
세미용	레몬, 황도, 무화과, 꿀, 캐모마일, 염분
리슬링	레몬, 라임, 풋사과, 재스민, 밀납
마르산	생아몬드, 복숭아, 살구, 사과, 오렌지, 아몬드 페이스트, 재스민
뮈스카	포도, 메이어 레몬, 사과, 인동, 오렌지 껍질, 건포도
믈롱 드 부르고뉴	레몬, 라임, 귤, 풋사과, 초록 서양배, 조가비
피노 그리	레몬 제스트, 사과, 백도, 생아몬드, 용연 향, 꿀

Red
레드 품종

피노 누아	체리, 라즈베리, 산딸기, 카시스, 버섯, 바닐라
카베르네 소비뇽	카시스, 블랙베리, 블랙체리, 고사리, 파프리카, 참나무, 삼나무, 바닐라, 정향, 감초
카베르네 프랑	라즈베리, 카시스, 산딸기, 유칼립투스, 파프리카, 고추
메를로	체리, 자두, 블랙베리, 블루베리, 마른 허브, 초콜릿, 바닐라
시라	블랙베리, 블랙체리, 카시스, 블루베리, 후추, 육두구, 밀크초콜릿
그르나슈	설탕에 조린 딸기, 구운 자두, 블루베리, 육두구, 마른 허브
가메	석류, 딸기, 라즈베리, 블랙베리 덤불, 바나나
무르베드르	블랙베리, 감초, 계피, 후추, 트러플
말벡	붉은 자두, 블루베리, 바닐라, 코코아
카리냥	블랙베리, 말린 자두, 바나나, 감초
산지오베제	체리, 구운 토마토, 달콤한 발사믹 식초, 오레가노, 차, 에스프레소 커피
네비올로	체리, 블랙베리, 자두, 무화과, 장미, 아니스, 카카오, 감초, 버섯, 트러플, 잼
템프라니요	체리, 말린 무화과, 담배, 딜

aubaine
POUILLY FUMÉ

방법 3

대비 효과를 활용하자

대비Contrast 효과는 서로 다른 특성을 가진 맛을 매칭하는 방법이다. 맛의 강화이자 보완 이론이다. 아이스크림에 소금을 살짝 뿌리면 짠맛보다는 단맛이 훨씬 강하게 느껴진다. 커피가 너무 쓸 때 설탕을 넣으면 쓴맛이 덜해진다. 이러한 원칙을 와인에도 적용할 수 있다. 대비 효과를 통해 요리의 풍미에 활력을 불어넣고, 와인의 향기로운 순도를 높일 수 있다. 대표적으로 생선과 화이트 와인의 매칭이다. 앞서 언급한 것처럼 화이트 와인의 높은 산도는 생선의 비린맛을 보완해 준다. 드라이한 소비뇽 블랑의 상큼한 산도와 조개찜의 페어링이 대표적이다. 와인의 산도는 입안의 지방을 '청소'하는 역할도 하는데, 산도가 기름이 가진 느끼한 맛을 잡아준다. 튀김을 먹을 때 주로 산도 높은 스파클링 와인을 마시는 이유다. 대비 효과는 와인과 음식이 지닌 서로 다른 성질을 결합하므로 완전히 새롭고 뛰어난 미식 효과를 만들어 낸다. 타닌과 단백질의 조합도 좋은 예다. 레드 와인의 타닌은 고기의 퍽퍽함을 부드럽게 풀어주는 역할을 한다. 그래서 스테이크를 먹을 때 레드 와인을 함께 마시면 고기가 질기지 않고 부드럽다. 또한 단백질은 타닌의 떫은맛을 코팅해 주므로, 타닌과 단백질이 만나 서로를 보완하는 시너지 효과가 난다. 짠맛이 강한 로크포르 치즈는 소테른 같은 스위트 와인과 만났을 때 와인의 단맛과 달콤한 과실 향을 배가시킨다. 이렇게 대비 효과는 음식과 와인이 가진 특징을 보완하며 우리의 감각을 업그레이드해준다.

그런데 여기에 한 가지 중요한 주의 사항이 있다. 상대가 가진 성질의 가치를 높여주되 경쟁을 시켜서는 안 된다는 것이다. 두 개의 성질을 부딪치게 하여 입안을 피로하게 만들어서는 안 된다. 앞에서 예로 들었던 아이스크림을 생각해보자. 소금을 너무 많이 넣거나 적게 넣으면 아이스크림의 단맛을 살릴 수 없다. 딱 적당한 비율을 맞춰야 맛있어진다.

이 엄격한 비율은 음식과 와인 페어링에도 그대로 적용된다. 크림소스를 곁들인 생선 요리를 먹을 때 여러분은 어떤 와인을 선택할 것인가? 만일 버터 향이 나는 화이트 와인을 선택했다면 유사의 법칙을 활용했으므로 음식의 크리미한 풍미가 더욱 살아날 것이다. 한편 크림소스의 느끼함을 제거하고자 하는 대비 효과를 노린다면 산도가 높은 화이트 와인을 선택할 것이다. 둘 중 무엇이 정답일까? 와인의 산도가 높다고 해서 무조건 긍정적인 대비 효과가 나타나지는 않는다. 만약 여러분이 선택한 와인이 산도만 높고 보디가 가볍다면 예상보다 음식의 느끼함이 덜어지지 않을 수도 있다. 오히려 와인의 생동감마저 떨어질 것이다. 와인만 마셨다면 아주 신선한 풍미가 느껴졌을 텐데 말이다. 결론은 산도가 높고 볼륨감이 넘치면서도 버터 향이 나는 와인, 예를 들면 프랑스 부르고뉴의 뫼르소 와인이 제격이다. 크림의 느끼함도 제거되면서 와인의 풍미와 질감도 함께 살아난다.

이처럼 대비 효과를 활용한 페어링은 조금 복잡하다. 유사한 성질을 묶는 유유상종 법칙과 비교했을 때보다 고려해야 할 변수가 더욱 많다. 밸런스를 맞추는 요령이 필요하고, 음식과 와인 맛의 변수를 차단할 황금비율도 알고 있어야 한다. 그러다 보니 미식이란 다양한 감각을 누릴 수 있는 소양을 쌓았을 때 활용하기 쉽다. 개인적인 경험을 보태자면 대비보다는 유사의 법칙이 실패할 확률이 적다. 모든 요소가 완벽하게 떨어지는 시너지 효과는 나지 않더라도 와인과 음식 양쪽에 좋은 인상을 줄 수 있다. 만약 여러분이 초보자라면 비슷한 것끼리 맞추는 방법을 좀 더 추천하고 싶다.

유사? 대비?
당신의 기준은 무엇인가

지금까지 설명한 푸드와 와인 페어링의 원칙을 정리해 보면 크게 두 가지로 나눌 수 있다. 먼저 유유상종 효과로, 음식과 와인이 비슷한 성질을 가졌을 때 유용한 법칙이다. 두 번째는 서로 반대되는 특성을 상호 보완해주는 대비 효과다. 이 두 가지 방법에 따라 어떤 와인을 마실지 또는 안주로 어떤 음식을 고를지 선택하는 것이 좋다. 그렇다면 기준을 유사에 맞출 것인가 아니면 대조에 맞출 것인가? 이에 대한 답은 비교적 간단하다. 음식이나 와인의 맛이 이미 만족스럽다면 되도록 유사한 것으로 맞춰라. 그러나 거슬리는 특성이 있다면 이를 보완할 수 있는 선택을 해야 한다. 예를 들어 음식에 기름기가 많으면 누구나 불쾌하게 느끼므로 기름기를 제거해 줄 날카로운 산도를 가진 와인을 찾는 것이 낫다. 마찬가지로 비린 맛을 선호할 이는 많지 않기에 비린 맛을 가려줄 산뜻한 레몬 향의 와인이 필요하다. 이처럼 선택의 중심에는 '기름기', '비린 맛' 같은 특정한 매칭 포인트가 있어야 한다. 다시 말해 음식과 와인 페어링의 원칙을 세우려면 와인(또는 음식)의 포인트에서 시작해야 한다.

다만 똑같은 맛이라도 사람이나 지역에 따라 호불호가 갈릴 수 있다. 특히 문화적 감수성의 차이는 쉽게 변하지 않는다. 대표적으로 매운맛이 있다. 서양인은 보통 와인으로 매운맛을 완화하려고 한다. 이를 위해 매운맛과 '대치'되는 달콤한 와인을 선택할 것이다. 단맛이 강한 와인은 스파이시한 풍미를 중화시킬 수 있기 때문이다. 따라서 매운 요리에 달콤한 리슬링 품종이나 게뷔르츠트라미너 품종을 선호하는 경향이 있다. 반대로 우리나라 사람은 매운맛을 더욱 강조해 줄 와인을 찾는다. 매운맛에 대한 선호도가 높아 이것이 완화되길 원하지 않기 때문이다. 일종의 '유유상종 효과'다. 예를 들면 향신료 향이 강한 호주 쉬라즈나 피망 향이 강한 칠레 레드 와인 같은 와인들은 매운맛을 오히려 산뜻하게 끌어올려 음식을 먹는 즐거움이 더욱 커진다.

언젠가 프랑스인 친구가 아이스크림에 꿀을 뿌리는 것을 보고 궁금해서 물어본 적이 있다. "아이스크림도 이미 달달한데 왜 또 꿀을 뿌려?" 그 친구의 대답이 걸작이었다. "너희는 고추가 매운데 왜 고추장을 찍어 먹어?" 맞는 말이다. 그러면서 설명하길 본인들은 어릴 때부터 단맛에 길들여져 있기 때문에 더욱 자극적인 단맛을 찾고 싶어 한다고 했다. 반면 한국인들은 강한 단맛에 그리 익숙한 편이 아니다. 디저트를 두고 칭찬하는 표현만 봐도 알 수 있다. 맛있는 아이스크림이나 케이크를 두고 "너무 달지 않고 맛있어요."라고 하지 않는가? 이러한 문화적 차이는 음식과 와인 페어링을 결정할 때도 영향을 미친다.
그러니 두 번째로 언급할 맛은 단맛이다. 스위트 와인과 어울리는 음식은 보통 디저트다. 단맛의 상승 작용이 일어나기 때문이다. 그런데 우리 입맛에는 이러한 조합이 과하게 느껴질 때가 있다. 한입에는 맛있지만 계속 먹으려니 어쩐지 질린다. 와인의 단맛을 강화하기보다 보완해 줄 때 우리는 더욱 만족스럽다. 스위트 와인, 가능하다면 귀부 스위트 와인과 보슬보슬한 맛밤은 완벽한 궁합을 자랑한다. 또는 슴슴한 약과도 꽤 잘 어울린다. 에이스 비스킷과 믹스 커피만큼이나 잘 어울리는 조합이다. 맛밤, 약과 그리고 스위트 와인은 나만의 '스위트 삼합'이다. 하나하나 먹어 보면 그다지 새로운 맛은 아니지만 모이면 참으로 놀라운 맛을 만들어 낸다. 언젠가 '맛밤 와인(약과 와인)'이라는 세트를 팔아보고 싶다는 생각까지 한 적이 있다. 이 페어링을 사람들에게 소개하면 대부분 직접 먹어보기 전까지는 의심스러워하지만 이들의 완벽한 대조 효과를 경험한 뒤에는 감탄하게 될 것이다.

이 엉뚱한 조합 뒤에도 문화적 감수성이라는 원리가 숨겨져 있다. 비슷한 상황에 대해 쓴 글을 어딘가에서 읽은 적이 있다. 중국인들은 전혀 어울릴 것 같지 않은 음식, 예를 들면 기름기가 있거나 비린맛이 강한 생선을 타닌이 강한 레드 와인과 자주 먹는다는 것이다. 그들은 이 매칭에 거부감을 느끼지 않는다. 그 이유를 생각해보면 중국에는 타닌이 강한 차와 함께 식사를 함께하는 문화가 있기 때문이다. 그래서 와인의 떫은 타닌 맛을 비교적 너그럽게 받아들일 수 있다. 이를 두고 전문가들은 '자궁 내 기억'이라고도 한다. 맛에 대한 선호도는 이미 유전적으로 코딩되어 있다는 것이다. 이와 관련해 독일에서 한 연구가 진행되었다. 케첩 소스를 개발하기 위한 실험이었다. 참가자들은 두 가지 유형의 케첩을 제공받았다. 하나는 일반 케첩이었고 다른 하나는 바닐라 향이 첨가된 케첩이었다. 독일에서는 오랫동안 바닐라 향이 첨가된 분유가 판매되었다고 한다. 실험 결과, 어릴 때 우유를 먹었던 사람들은 바닐라 향이 가미된 케첩을 선호했지만, 모유를 먹은 사람들은 일반 케첩을 선호했다. 연구자들은 이런 현상을 바탕으로 태아와 신생아의 후각은 이미 양수 냄새를 맡는 첫 순간부터 기억된다고 분석했다.

얼마 전 인터뷰 기사로 읽은 해외 와인 전문가의 와인 페어링 이야기도 흥미로웠다. 그는 비빔밥과 어울리는 와인으로 프랑스 남부 론 지역의 레드 와인을 추천했다. 남부 론 지역은 그르나슈와 시라 품종 등을 블렌딩한 와인을 생산한다. 달콤한 과실 향과 각종 허브 향 그리고 향신료 향이 강하고, 무게감도 있는 와인이다. 와인 전문가가 이 와인을 추천하게 된 배경을 생각해보면, 비빔밥을 향도 맛도 강한 음식으로 여겼기 때문일 것이다. 나물(허브) 향도 강한 데다 소스는 맵고 달고 짜기까지 하니 얼마나 자극적이었겠는가. 그래서 그는 비빔밥에 당당히 맞설 수 있는 와인, 향신료 향이 넘치면서도 달달한 과실 향이 꽉 찬 남부 론이 맞겠다 생각했을 것이다. 그런데 우리가 이 조합대로 먹어보면 와인의 풍미가 너무 강해서 비빔밥의 맛을 덮어버릴 수 있다. 적어도 내 기준으로 나물 비빔밥은 오히려 정갈한 음식에 가깝다. 이미 '자궁 내 기억'으로 익숙해져 있기 때문이다. 그래서 적당히 나이 들어가는 피노 누아 품종의 레드 와인이 입맛에 더욱 잘 맞았다. 피노 누아의 익힌 채소 향은 나물의 맛과 잘 어우러지고, 가벼운 타닌이 고추장의 무게감과 적절하게 일치한다. 와인의 높은 산도는 소스 역할까지 해준다. 특히 부르고뉴 지방의 피노 누아는 미네랄 풍미가 뛰어나 감칠맛까지 더해준다. 간장이나 고추장에 식초와 들기름을 한 방울 떨어트렸을 때 느낄 수 있는 산뜻한 고소함! 그래서 이 조합은 한국인만이 느낄 수 있는 특별한 경험인 것이다.

정답은 없다, 번거로움에서 찾는 즐거움

음식과 와인 페어링은 개인의 취향과 입맛에 따라 매우 다르게 느껴지므로, 모두를 만족시킬 수 있는 페어링 법칙이란 세상에 존재하지 않을 것이다. 어떤 사람에게는 완벽한 페어링일지라도 다른 사람에게는 그렇지 않을 수 있다. 예를 들어 상세르 지역의 화이트 와인과 굴이 아무리 최고의 마리아주라고 하더라도 굴을 싫어하는 이에게 강요할 수는 없다. 그래서 개인의 선호도를 고려해 와인을 선택하는 것이 항상 중요하다. 치킨과 소비뇽 블랑은 이론상으로는 그다지 어울리는 조합은 아니다. 오히려 닭고기의 맛은 소비뇽 블랑보다는 샤르도네를 추천하는 것이 더욱 적절하다. 오크 숙성한 샤르도네는 치킨만큼 풍부한 감칠맛과 크림 같은 부드러움을 지니고 있으니, 함께 먹었을 때 치킨의 무게감과 지방에 녹아들며 환상의 콜라보를 보여줄 거라 생각했다.

하지만 한국인이라면 아마도 묵직한 샤르도네보다는 상큼한 소비뇽 블랑 쪽에 손을 들어줄 것이다. 오랜 시간 페어링 수업을 진행하면서 얻은 결론이자 난제였는데, 어느 날 우연찮게 그 해답을 찾았다. 우리에게는 너무도 익숙한 치킨과 치킨 무의 조합 덕분이었다. 소비뇽 블랑의 시원한 맛과 산도, 심지어 채소 향까지 치킨 무와 소비뇽 블랑 와인의 풍미는 너무나 닮아 있었다. 우리들은 소비뇽 블랑을 먹으며 익숙한 개운함을 느끼는 것이었다.

현대 사회에 들어오면서 음식의 종류가 기하급수적으로 증가하며 자연스레 사람들의 미각도 변화되었다. 19세기 후반에는 달콤한 소테른 와인을 생굴과 함께 서빙했다고 한다. 빅토리아 시대의 유럽 만찬 공식 메뉴로는 쇠고기 요리와 샴페인 조합이 빠지지 않았다. 고전적인 매칭이라 여겨졌던 것들이 어느 날 고루해지는 조합이 될 수 있다. 소테른 와인과 푸아그라의 조합도 오늘날에는 적극적으로 추천하지 않는 매칭이다. 오히려 최근 들어 스위트 와인은 메인 메뉴, 드라이한 와인은 디저트에 매칭시키는 파격적인 조합을 권하기도 한다. 그러니 페어링에 정답은 없다. 중요한 건 당신의 즐거움을 찾는 것이다. 우리 모두는 각자 다른 입맛을 가졌다. 음식을 먹으면 400개 이상의 미각 수용체에서 화학적 반응을 일으킨다. 그만큼 우리의 미각은 복잡하고 서로 다른 민감성을 가지고 있다. 똑같은 맛이라도 즐거움을 누리는 정도가 다르다.

음식과 와인 페어링에 성공하려면 어느 정도의 번거로움을 감수해야 한다. 와인을 배우면서 맛과 향을 알아가는 노력도 해야 한다. 와인과 음식의 매칭을 평가하는 데는 와인에 대한 지식이 중요한 역할을 하기 때문이다. 좋아하는 음식과 와인의 매칭을 다양하게 시도해 보며 시간과 정성을 들여야 한다. 그러던 어느 날 정성과 마음을 파고드는 작은 우연이 겹치면, 왜 잘 맞는 와인과 함께 식사하는 것이 중요한지, 왜 먹고 마시는 일에 즐거움이나 감동까지 더해져야 하는지 그 이유를 알 것 같은 날이 반드시 찾아온다. 음식과 와인은 과거와 현재를 잇는 파노라마 속에서 항상 우리의 즐거움과 밀착되어 있기 때문이다.

이 책에서 구분한 와인의 종류와 특징

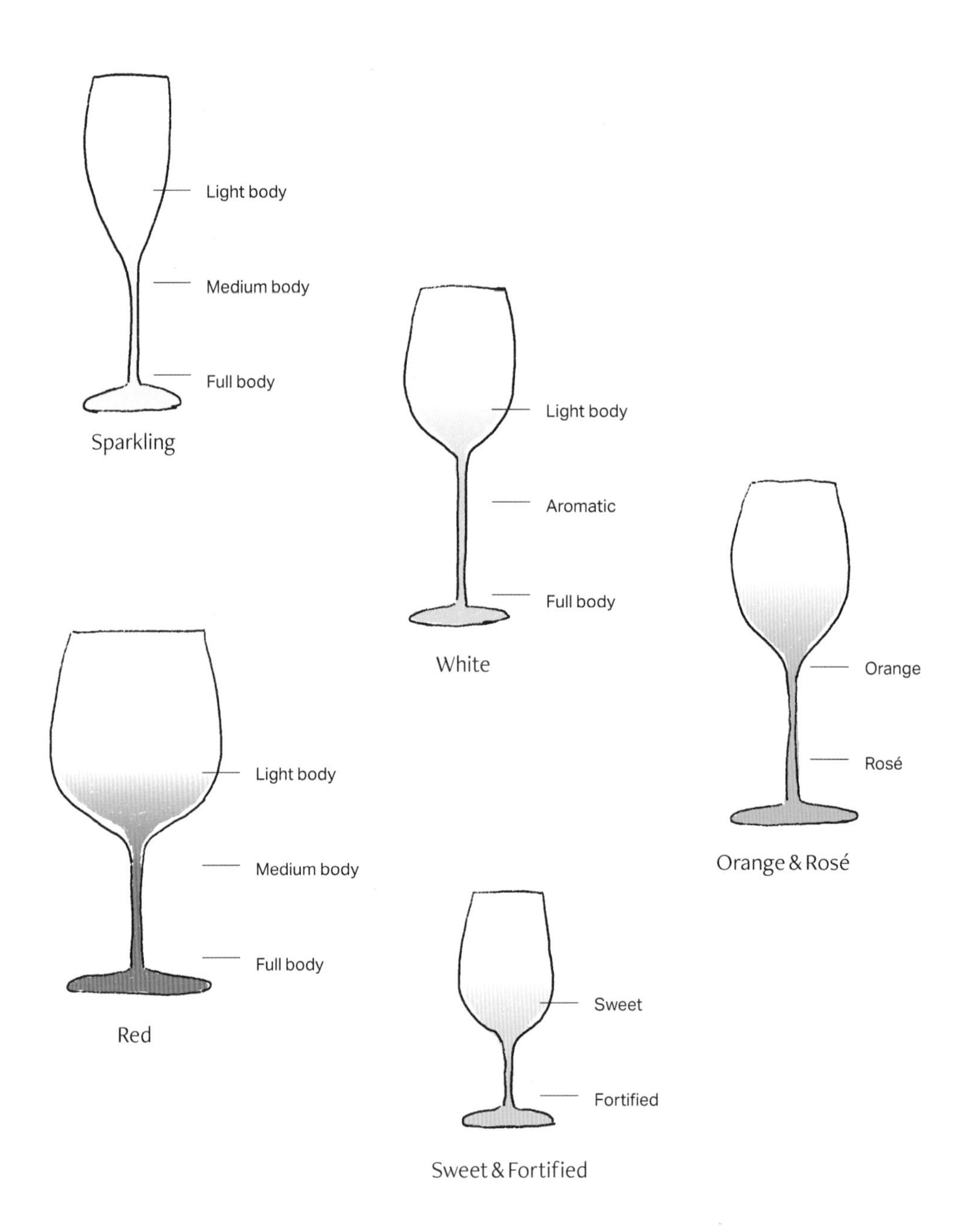

스파클링 와인

라이트 보디 스파클링 와인

라이트 보디 스파클링 와인은 풋풋한 느낌의 와인을 말합니다. 신선한 과일 향이 풍부하고 입에 넣었을 때 느껴지는 와인의 무게감이 가볍고 알코올 도수도 낮습니다. 대표적인 와인으로는 프랑스의 펫낫, 이탈리아의 프리잔테, 이탈리아 베네토 지역의 프로세코가 있고 독일 젝트도 이런 스타일의 와인을 활발하게 생산하고 있습니다. 산도가 높다 보니 튀김 같은 기름진 요리의 느끼함을 덜어주기에 제격인 와인입니다. 상큼하고 가벼운 기포는 딸기나 멜론 같은 과일 향을 더욱 풍성하게 해주고, 담백한 크림치즈, 조개류 같은 해산물 요리와도 완벽하게 어울립니다.

미디엄 보디 스파클링 와인

미디엄 보디 스파클링 와인은 견과류, 브리오슈 빵 등 이스트 향이 은은하게 감돌며 입안에서 부드럽게 느껴지는 스타일입니다. 대표적인 와인으로는 스페인의 카바, 프랑스의 크레망, 블랑 드 블랑 샴페인, 샴페인 방식으로 만든 신대륙 스파클링 와인 등이 있습니다. 무게감이 있기 때문에 게, 바닷가재 같은 갑각류와 잘 어울립니다. 구수한 이스트 풍미와 조화로운 음식들, 이를테면 향이 강한 크림치즈, 훈제 연어, 고소한 오일 베이스 요리와 함께했을 때 와인을 더욱 맛있게 만들어 줍니다.

풀 보디 스파클링 와인

풀 보디 스파클링 와인은 맛이 깊고, 구조가 단단한 느낌의 와인을 말합니다. 긴 숙성 과정을 거쳤기 때문에 졸인 과일 향, 향신료 향, 꿀, 토스트 향 등 풍미도 더욱 복합적입니다. 주로 프리미엄급 스파클링 와인이 여기에 해당됩니다. 대표적인 와인으로는 블랑 드 누아 샴페인, 빈티지 샴페인, 프레스티지 퀴베 샴페인 등이 있습니다. 와인의 무게감이 무겁기 때문에 생선뿐 아니라 육류와도 잘 어울립니다. 복합적인 풍미에 산미도 돋보이므로 특히 캐비어와 함께 먹기에 더없이 좋은 와인입니다.

화이트 와인

라이트 보디 화이트 와인

라이트 보디 화이트 와인은 입에 넣었을 때 느껴지는 와인의 무게감이 가볍고, 신선한 과실 향이 풍부한 와인들을 말합니다. 대표적인 품종으로는 소비뇽 블랑, 리슬링, 스페인의 알바리뇨 등이 있고, 프랑스 루아르 지역과 뉴질랜드 말보로의 소비뇽 블랑 와인, 해산물과 즐겨 먹는 포르투갈의 그린 와인 등이 있습니다. 상큼한 과일 향에 풀 향, 깔끔한 산미가 돋보여서 가벼운 해산물 요리와 특히 잘 어울리지요.

아로마틱 화이트 와인

아로마틱 화이트 와인은 달콤한 과실 향이 폭발하듯 터져 나오며, 향기로운 꽃 향이 풍부한 와인들을 말합니다. 대표적인 품종으로는 비오니에, 프랑스 알자스의 게뷔르츠트라미너, 이탈리아의 피아노, 스페인의 베르데호, 아르헨티나의 토론테스 등이 있습니다. 슈페트레제 등급의 독일 리슬링 와인도 있습니다. 이러한 와인들은 크림 같은 부드러운 텍스처에 화려한 풍미가 두드러지므로, 다양한 향신료나 허브가 들어간 오일 베이스 요리와 잘 어울립니다.

풀 보디 화이트 와인

풀 보디 화이트 와인은 입에 넣었을 때 느껴지는 무게감이 묵직하고 견과류, 훈연 향, 바닐라 향이 감도는 와인들을 말합니다. 주로 오크 숙성한 화이트 와인이 여기에 해당됩니다. 대표적인 품종으로는 샤르도네, 세미용 등이 있고, 프랑스의 부르고뉴, 보르도, 론 지역의 화이트 와인, 스페인 리오하 지역의 와인 등이 있습니다. 미국, 호주, 아르헨티나, 칠레 등 신대륙에서도 이 스타일의 와인을 활발하게 생산하고 있습니다. 버터 향이 감도는 스모키한 향과 무게감이 있기 때문에서 생선뿐 아니라 갑각류, 백색육과도 잘 어울립니다. 특히 버터 베이스의 요리와 함께 먹으면 와인이 더욱 맛있어집니다.

오렌지 & 로제 와인

오렌지 와인

오렌지 와인이란 일반적인 화이트 와인을 만들 때 포도즙을 압착해 만드는 것과 달리, 마치 레드 와인을 만들 듯이 청포도를 껍질째 침용하여 만드는 와인을 말합니다. 조지아나 이탈리아 북부에서는 오래전부터 이런 방식으로 오렌지 와인을 만들어왔지만 최근 프랑스, 이탈리아 등의 내추럴 와인 생산자들이 즐겨 쓰는 양조 방식이기도 합니다. 오렌지 와인은 말린 과일과 향신료의 풍미가 있고, 일반적인 화이트 와인보다 보디감이 묵직해서 이국적인 양념과도 꽤 잘 어울립니다.

로제 와인

로제 와인은 레드 와인처럼 껍질을 담가서 와인을 만들되 반나절 정도 짧게 침용해서 만드는 와인을 말합니다. 대표적으로 미국 캘리포니아의 화이트 진판델, 이탈리아 로사토, 스페인 로사도가 있습니다. 프랑스의 루아르와 프로방스 그리고 스페인 나바라 지역에서도 로제 와인이 활발하게 생산됩니다. 화이트 와인의 신선함과 레드 와인의 풍미라는 양면성을 갖고 있어서 고기와 생선 모두 잘 어울리는 와인입니다. 특히 지중해 연안 지역에서 생산된 로제 와인은 허브 향이 강해서 자극적 풍미의 채소나 향신료가 들어간 아시아 음식, 멕시코 요리와 놀라울 정도로 잘 맞습니다.

레드 와인

라이트 보디 레드 와인

라이트 보디 레드 와인은 입에 넣었을 때 느껴지는 와인의 무게감과 타닌이 가볍고, 신선한 과실 향이 풍부한 와인들을 말합니다. 대표적인 품종으로는 프랑스 보졸레 지역의 가메, 이탈리아의 바르베라, 돌체토 등이 있고, 프랑스 부르고뉴 지역과 뉴질랜드의 피노 누아 와인 등이 있습니다. 붉은 과일 향과 가벼운 타닌으로 상큼함이 돋보이기 때문에 육류 중에서는 가금류 요리와 특히 잘 어울려요.

미디엄 보디 레드 와인

미디엄 보디 레드 와인은 잘 익은 과실 향이 풍부하고 입안에서 느껴지는 타닌이 부드럽고 유연한 와인들을 말합니다. 대표적인 품종으로는 메를로, 그르나슈 등이 있고 프랑스 보르도의 생테밀리옹 지역 와인, 이탈리아 키안티 지역의 산지오베제 품종 와인, 스페인 리오하 지역의 템프라니요 품종 와인 등이 있습니다. 은은한 과실 향에 바닐라, 초콜릿 같은 오크 향이 돋보이다 보니 육류 요리 중에서도 채소를 함께 조리하거나, 간장 베이스의 소스를 곁들이면 잘 어울립니다. 와인이 마치 소스처럼 재료에 푹 배어들어요.

풀 보디 레드 와인

풀 보디 레드 와인은 색이 진하고 검은 과실 향이 풍부하며 입안에서 느껴지는 무게감도 강한 와인들을 말합니다. 대표적인 품종으로는 카베르네 소비뇽, 시라(쉬라즈), 아르헨티나의 말백, 칠레의 카르메네르, 캘리포니아의 진판델 등이 있습니다. 프랑스 보르도 좌안 마을 지역의 와인, 이탈리아의 바롤로 지역 와인, 스페인의 리베라 델 두에로 지역의 와인 등 많은 장기 숙성형 레드 와인도 여기에 속합니다. 이 와인들은 과일 향이 진하고 향신료 향도 강렬한 데다 타닌까지 많기 때문에, 맛이 강하거나 진한 소스를 곁들인 리치한 요리와 잘 어울립니다. 특히 기름진 붉은 육류 요리와 매칭하면 타닌과 절묘한 앙상블을 이루지요.

스위트 & 주정 강화 와인

스위트 와인

스위트 와인은 당도가 높은 포도즙으로 만들어서, 발효가 끝난 뒤에도 여전히 당이 남아 있어 달달한 맛이 느껴지는 와인을 말합니다. 말린 포도나 곰팡이가 핀 포도 그리고 언 포도 등을 사용하면 당도 높은 포도즙을 얻을 수 있으며, 그런 이유로 레이트 하비스트(Late Harvest), 노블 롯(Noble Rot) 와인 그리고 아이스 와인(Ice Wine)이라고 불리기도 합니다. 대표적인 와인으로는 프랑스의 소테른 와인, 독일의 베렌아우스레제, 트로켄베렌아우스레제, 아이스 바인 등급의 와인, 헝가리의 토카이 와인 등이 있습니다. 스위트 와인은 꿀에 절인 과일과 꽃, 향신료 등 풍미의 표현력이 강하고, 일반적인 와인보다 보디감이 묵직해서 단맛이나 짠맛 등 맛의 강도가 높은 음식과 잘 어울립니다.

주정 강화 와인

주정 강화 와인이란 와인에 브랜디를 첨가해서 알코올 도수를 높인 와인을 말합니다. 대표적인 와인으로는 프랑스 뱅 두 나튀렐, 초콜릿과 어울리는 포르투갈의 포트, 견과류와 어울리는 스페인의 셰리 등이 있습니다. 일반 와인에 비해서 숙성 잠재력이 높아서 수십 년 동안 즐길 수 있는 와인이기도 합니다. 주정 강화 와인은 말린 과일과 초콜렛, 캐러멜, 견과류, 향신료 등 달콤한 풍미가 강해서 가벼운 디저트와 잘 어울립니다. 사실 주정 강화 와인은 생각보다 스타일이 다양해서 페어링 선택의 폭도 넓은 편입니다. 그래서 평소 독특한 매칭을 시도해 보고 싶었다면 활용하기 좋은 와인입니다. 숙성하는 동안 산화가 발생한 주정 강화 와인, 예를 들면 아몬티야도, 올로로소 셰리나 포르투갈의 마데이라 와인은 특히 감칠맛이 돋보여서 한국 음식과도 잘 어울립니다.

Recipes with Wine Pairings

2

와인과
잘 어울리는
요리

스파클링 와인과 어울리는 요리

1

SPARKLING

스파클링 와인

봄 두릅 크림치즈 브루스케타
명란 감자 감바스
애호박 새우젓 파스타
들기름 간장 달걀프라이
미나리 감자 뢰스티
파르마지아노 치즈 칩
김 플레이트

봄 두릅 크림치즈 브루스케타

SPARKLING WINE

봄이 오면 설레는 가장 큰 이유는 바로 향긋한 두릅 덕분입니다. 다양한 종류의 두릅 중에서도 땅에서 자라는 땅두릅은 부드러운 식감과 은은한 맛, 비교적 간단한 손질법 때문에 제가 자주 활용하는 식재료입니다. 땅두릅은 나물이나 튀김으로 먹어도 좋지만, 살짝 구워서 브루스케타로 만들면 조금 더 색다르게 두릅의 맛을 즐길 수 있어요.

WINE PAIRING TIP

이 요리에는 산도가 높고 가벼운 스파클링 와인을 추천합니다. 와인의 산뜻한 신맛이 크림치즈의 고소함을 더욱 살려 줍니다. 이탈리아의 프로세코 또는 스페인의 카바 와인에서 풍기는 산뜻한 감귤류의 향, 시원한 허브 향이 봄나물의 푸릇한 맛, 레몬과 잘 어울려요. 카바에는 가벼운 흙 향도 있으니 두릅과 함께 먹으면 봄철 입맛을 돋워줄 거예요.

INGREDIENT | 2인분

땅두릅 150g
크림치즈 100g
사워도우 빵 200g
호두 20g
마늘 1알
소금 ¼ 작은술
엑스트라 버진 올리브오일 2큰술
레몬 1개

* 호두가 없다면 땅콩이나 피칸, 아몬드 등을 이용해도 좋습니다.
* 참두릅을 활용할 경우, 가시가 있기 때문에 밑둥의 거친 껍질과 가시를 제거하고 사용해 주세요.

HOW TO MAKE

1 땅두릅은 밑둥을 제거하고 5㎝ 길이로 잘라준다. 굵은 줄기 부분은 반 가른다.

2 호두는 굵게 다져서 마른 팬에 볶은 후 식힌다.

3 사워도우를 1㎝ 두께로 슬라이스한 다음, 프라이팬에서 엑스트라 버진 올리브오일을 뿌려가며 앞뒤로 노릇하게 굽는다.

4 잘 구워진 빵 위에 마늘을 문지른다.

5 달군 프라이팬에 엑스트라 버진 올리브오일을 1큰술 두른 다음, 땅두릅을 넣고 노릇하게 굽는다.

6 구운 빵 위에 크림치즈를 바르고, 구운 땅두릅을 올려준다.

7 그 위에 엑스트라 버진 올리브오일과 소금을 살짝 뿌린다.

8 마무리로 호두와 레몬 제스트를 뿌려 낸다.

Valhondo
CAVA

명란 감자 감바스

SPARKLING WINE

언젠가 맛있는 명란을 테마로 한 레스토랑을 하고 싶어서
후쿠오카까지 벤치마킹 출장을 간 적이 있습니다. 그때 한
이자카야에서 새우 감바스에 명란을 조금 올려 주었는데,
입안에 감도는 감칠맛이 최고였어요! 그래서 집에 돌아오자마자
새우 대신 명란을 듬뿍 넣고, 부드러운 감자와 애호박까지
넣어 감바스를 만들었어요. 구운 바게트와 곁들여 먹는 것을
추천합니다.

WINE PAIRING TIP

스페인 대표 음식 감바스와 스페인 대표 스파클링 와인인 카바는 동일한 지역으로 완성되는 페어링입니다. 청량한 카바의 버블이 올리브오일의 기름진 맛을 깔끔하게 정리하고, 와인의 상큼한 풍미는 마늘, 페퍼론치노에서 느껴지는 매콤한 맛을 마치 레몬 셔벗을 먹은 것처럼 깨끗하게 마무리해 줄 거예요. 명란의 감칠맛을 더욱 느끼고 싶다면, 스페인 해안가 산지의 알바리뇨 품종으로 만든 화이트 와인도 추천합니다.

INGREDIENT | 2인분

명란젓 100g
마늘 30g
감자 200g
애호박 70g
페페론치노 10개
엑스트라 버진 올리브오일 ¼컵
바게트 빵 80g
후추 3g

* 페페론치노는 씨 부분에서 매운맛이 나므로 일부는 으깨서 준비해 주세요.

HOW TO MAKE

1 명란젓은 칼집을 내고, 한입 크기로 썬다. 감자와 애호박도 한입 크기로 썰어준다.

2 달군 프라이팬에 엑스트라 버진 올리브오일을 듬뿍 두르고, 마늘과 페페론치노를 넣고 볶아준다. 이때 페페론치노 중 2개 정도는 손으로 으깨서 넣는다.

3 감자를 넣고 익히다가 애호박을 넣는다.

4 채소가 어느 정도 익으면 명란젓을 넣고 약불에서 천천히 익힌다. 숟가락으로 명란 위에 오일을 부어가며 안쪽까지 익히는데, 이때 명란은 반 정도만 익혀야 부드럽게 즐길 수 있다.

5 마무리로 후추를 뿌려준다.

6 마른 팬에 올려 구운 바게트를 완성된 감바스에 함께 낸다.

애호박 새우젓 파스타

SPARKLING WINE

어느 날 애호박 새우젓 볶음을 만들다가 갑자기 아이디어가 떠올라 만들게 된 숏 파스타입니다. 새우젓의 감칠맛 덕분인지 자꾸 손이 가는 메뉴예요. 애호박을 숏 파스타 크기로 잘라주면 더욱 감각 있게 플레이팅할 수 있답니다.

WINE PAIRING TIP

새우젓처럼 개성이 강한 짠맛에는 복숭아나 만다린 같은 달콤한 과실 향의 스파클링 와인이 제격입니다. 그중에서도 미국, 호주 등 신대륙 스파클링 와인을 추천합니다. 산도는 높지만 달달한 풍미의 스파클링 와인과 짭짤한 새우젓이 만나 독창적이고 상큼한 맛으로 변주되면서, 새우젓의 비린 맛을 낮춰줍니다.

INGREDIENT | 1인분

애호박 150g
새우젓 10g
펜네(파스타) 100g
마늘 10g
페페론치노 5개
엑스트라 버진 올리브오일 3큰술
소금 1큰술
후추 1꼬집

옵션

장식용 브론즈 펜넬 약간

HOW TO MAKE

1 통마늘은 반으로 자르고, 애호박은 손가락 크기로 썰어준다. 페페론치노는 손으로 으깨 준비한다.

2 끓는 물에 소금을 넣고 파스타를 익힌다.

3 달군 프라이팬에 엑스트라 버진 올리브오일 2큰술을 두르고, 먼저 마늘과 페페론치노를 볶아 향을 낸다.

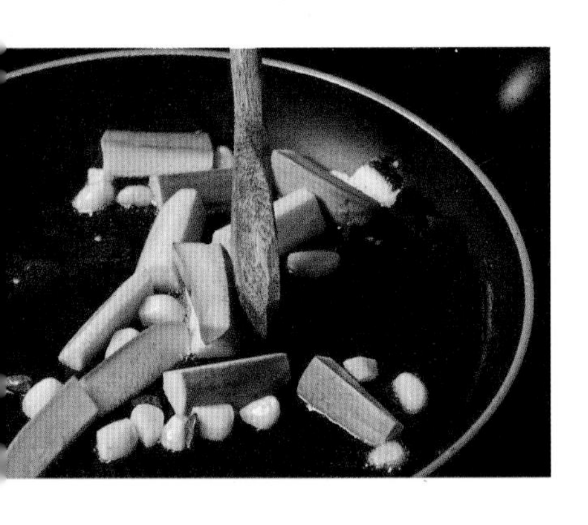

4 애호박을 넣고 익힌다.

5 애호박이 어느 정도 익으면 새우젓과 면수 한 국자를 넣어 간을 한다.

6 익은 파스타를 넣고 잘 버무려준다.

7 불을 끄고 엑스트라 버진 올리브오일 1큰술과 후추를 뿌린 다음 버무려 낸다.

8 장식으로 브론즈 펜넬을 올려준다.

CM
CLOS
MOULIN
MOINES
du Moulin

들기름 간장 달걀프라이

SPARKLING WINE

늦은 밤에 와인을 마실 때 가장 많이 해먹는 메뉴예요. 달걀과 들기름, 간장. 이 3가지 간단한 재료로 쉽고 빠르게 만들 수 있으면서, 단백질이라 살찔 걱정도 덜하게 되는 효자 메뉴입니다. 포인트는 간장을 살짝 태우듯이 익혀 달걀프라이의 가장자리를 고소하고 바삭한 식감으로 만드는 거예요.

WINE PAIRING TIP

크레망은 샴페인을 만들 때와 동일한 전통적인 제조 방식으로 만든 프랑스의 스파클링 와인을 말합니다. 고소한 달걀의 풍미가 크레망의 섬세한 맛과 잘 어울립니다.

INGREDIENT | 2인분

달걀 5개
들기름 1큰술
간장 1작은술
식용유 1큰술
후추 1꼬집

HOW TO MAKE

1 프라이팬에 식용유를 넣고 강불에서 달걀을 익힌다.

2 달걀에 들기름을 뿌려준다.

3 달걀 사이사이에 간장을 붓는다. 이때 간장을 달걀의 빈틈에 부어, 가장자리를 거의 태우듯이 바삭하게 익힌다.

4 마무리로 후추를 뿌려 낸다.

미나리 감자 뢰스티

SPARKLING WINE

스위스 전통 요리인 뢰스티Rösti는 감자를 바삭하게 구워 내는 음식으로, 우리에게 익숙한 감자전과 많이 닮아 있어요. 채 썬 감자 위에 달걀, 베이컨, 그뤼에르 치즈나 체다 치즈를 올려 다양한 맛으로 응용할 수 있지요. 저는 주로 반숙 달걀, 하몽과 미나리를 올려서 브런치 메뉴로 즐기곤 합니다. 이때 필요한 것은 샴페인 한 잔! 기분 좋은 브런치에 샴페인까지 있다면 더 이상 필요한 것이 없겠죠.

WINE PAIRING TIP

미나리, 반숙 달걀, 베이컨 그리고 치즈까지 이렇게 다양한 맛을 가진 재료가 한데 섞인 메뉴에는 스파클링 와인이 최적의 페어링입니다. 버블은 각각 식재료 맛을 살려주면서도 충돌하지 않게 잘 어우러지도록 만들어줍니다. 샴페인의 가격이 부담스럽다면 독일의 젝트, 이탈리아의 스푸만테 그리고 신대륙의 스파클링 와인과 함께 매칭하는 것도 좋은 방법입니다.

INGREDIENT

2인분

감자 150g
양파 100g
달걀 3개
하몽 10g
미나리 20g
부침가루 1큰술
소금 ¼작은술
후추 ¼작은술
식용유 1큰술

* 감자 대신 고구마를 이용해 만들 수도 있어요. 또는 감자와 고구마를 반반 섞어서 만들어도 좋습니다.
* 하몽 대신 베이컨을 볶아서 올려도 맛있게 즐길 수 있습니다.
* 그뤼에르나 체다, 파르미지아노 레지아노 치즈가 있다면 감자가 거의 다 익었을 때쯤 위에 뿌려주세요. 더 고소하고 풍부한 맛의 뢰스티를 만들 수 있답니다.

HOW TO MAKE

1 하몽은 먹기 30분~1시간 전에 상온에 미리 빼놓는다.

2 감자와 양파는 가늘게 채 썬다.

3 볼에 채 썬 감자와 양파, 소금, 후추, 부침가루를 넣고 섞는다.

4 프라이팬에 식용유를 두르고 반죽을 올린다.

5 중불에서 반죽을 천천히 익힌다.

TIP. 감자전처럼 묽지 않은 반죽이에요. 감자 자체의 전분과 부침가루의 전분만으로도 모양이 잡힙니다.

6 감자가 반쯤 불투명하게 익으면, 젓가락으로 달걀이 들어갈 자리를 만들어준다.

7 반죽 사이사이에 달걀을 깨서 넣는다.

8 뚜껑을 덮어 달걀을 익혀준다.

9 완성된 뢰스티 위에 미나리와 하몽을 올려 낸다.

TIP. 보통 하몽이나 프로슈토를 먹을 때는 루콜라를 곁들이곤 하지만, 이번에는 향긋한 미나리를 함께 먹어 보세요. 미나리는 루콜라보다 쌉쌀한 맛도 적고, 더 부드러워서 와인 안주로 제격이랍니다.

Altum Villare
MILLÉSIMÉ
Champagne
Dom Pérignon
Vintage 2009

파르마지아노 치즈 칩

SPARKLING WINE

오직 치즈 하나로만 만드는, 매우 심플하고 맛있는 와인 안주예요. 이 메뉴는 사실 제가 르 꼬르동 블루Le Cordon Bleu 요리학교에서 배운 장식용 튀일Tuile 중 하나입니다. 원래는 주로 스테이크나 파스타 위에 장식으로 올리는 가니시로 쓰이지만, 단일 메뉴로도 와인과 너무 훌륭하게 잘 어울려서 자주 만들어 먹는 요리이기도 합니다. 기본적인 치즈 칩에 피스타치오, 아몬드 등의 견과류나 건조 허브를 섞으면 보다 다양한 맛으로 응용할 수 있어요.

WINE PAIRING TIP

빈티지 샴페인이나 오래 묵힌 샴페인은 바싹 구운 토스트, 구운 아몬드나 헤이즐넛 그리고 구운 치즈의 풍미가 두드러집니다. 그래서 바삭하게 구운 파르마지아노 치즈 칩과 숙성된 샴페인의 풍미는 비슷하면서도 강렬한 존재감을 드러낼 뿐만 아니라 미각적으로도 서로의 맛을 풍성하게 끌어올립니다.

INGREDIENT | 2인분

파르미지아노 레지아노 치즈 적당량

옵션

- 피스타치오
- 아몬드
- 땅콩 등 견과류 또는 파슬리, 바질 등 건조 허브류

＊ 파르미지아노 레지아노 치즈뿐 아니라 체다 치즈, 그뤼에르 치즈, 고다 치즈 등 기호에 맞게 다양한 치즈로 만들 수 있어요. 특히 단단한 경성 치즈일수록 고소하고 바삭한 식감을 즐길 수 있답니다. 시판 파마산 치즈 가루를 활용해도 좋습니다.

1 파르미지아노 레지아노 치즈를 그레이터로 넉넉히 갈아 준비한다.

2 마른 프라이팬에 갈아둔 치즈 2큰술을 올리고 약불에서 천천히 굽는다.

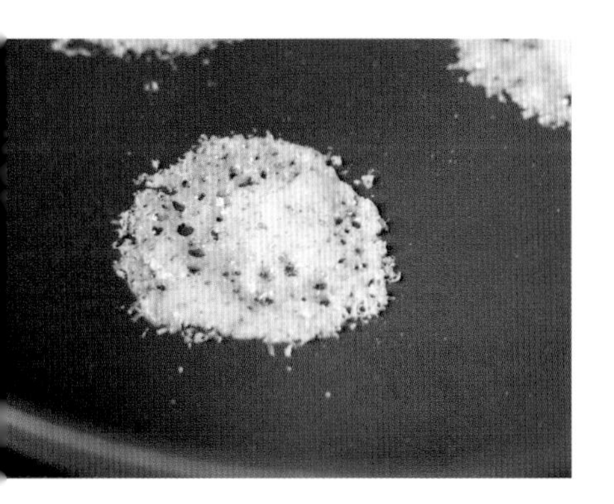

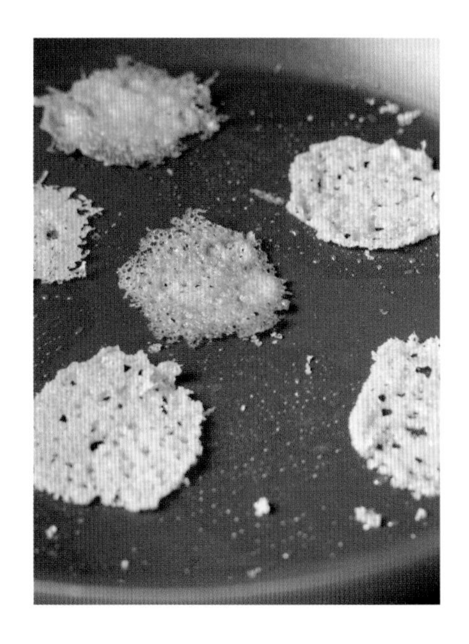

3 치즈가 갈색으로 변하고 굳으면 뒤집어서 익힌다.

4 기호에 따라 피스타치오, 아몬드, 땅콩 등을 치즈 위에 갈아 올리면 다양한 맛을 낼 수 있다.

김 플레이트

SPARKLING WINE

마른 김에 녹진한 치즈, 올리브, 프로슈토를 올려서 와인 안주로 즐겨 보세요! 익숙하면서도 새로운, 와인과 무척 잘 어울리는 조합이랍니다. 혹시 살짝 배가 고프다면 밥을 같이 올려 먹어도 좋아요.
언젠가 바삭한 김 위에 갓 지은 따뜻한 밥을 올린 다음, 짭조름한 올리브를 올려서 스페인 알바리뇨 품종의 화이트 와인과 함께 먹은 적이 있어요. 와인의 상쾌한 산미와 미네랄리티가 마른 김의 해조류 향과 잘 어우러지면서 짭조름한 올리브의 풍미, 밥의 부드러운 질감까지 깔끔하게 마무리해 주어 인상적인 조합이었답니다.

WINE PAIRING TIP

우리가 일상에서 자주 먹는 김은 해조류 맛이 나는 와인과 특히 잘 어울립니다. 그중에서도 블랑 드 블랑(Blanc de Blancs) 샴페인을 추천합니다. 블랑 드 블랑은 청포도인 샤르도네 품종으로만 만든 샴페인을 말하는데, 맛과 향이 섬세할 뿐만 아니라 짭조름한 미네랄리티가 풍부합니다. 그래서 해조류인 김의 고소한 맛을 살리는 데 큰 역할을 하지요. 김 플레이트는 토핑에 따라 다양하게 즐길 수 있으니 나만의 페어링을 만들어 보세요.

만 원의 행복, 편의점 음식과 와인 페어링

그런 날이 있다. 하루를 마치고 지친 몸을 이끄는 퇴근길, 손 하나 까딱하기 싫은 날. 집에서 와인 한 잔 마시며 고생한 나를 보상하고 싶은 날, 이런 날에는 편의점에 들러야 한다. 캔 와인부터 샴페인까지, 요즘 편의점 진열대엔 없는 와인 빼곤 다 있다. 어느 점포에 가든 기본을 갖춘 와인 판매대를 쉽게 발견할 수 있다. 이왕 간 김에 어울리는 안주까지 잘 찾아낸다면 웬만한 다이닝 이상의 만족감까지 얻을 수 있다. 실제로 홈술족, 혼술족이 늘어나면서 편의점 와인 매출 역시 덩달아 늘어났다. 통계에 따르면 국내 3사 편의점의 2023년도 와인 매출은 전년 대비 평균 27.1% 증가한 것으로 나타났다. 와인 소비가 일상화되면서 사람들은 와인을 살 때 접근성 좋고 저렴한 와인도 많은 편의점을 찾게 되는 것이다. 그렇다면 편의점에서 우리가 고를 수 있는 찰떡궁합 와인 안주로는 어떤 것들이 있을까?

화이트 와인이라면?

화이트 와인에 가장 먼저 추천하고 싶은 안주는 맛살이다. 맛살에는 특히 상큼한 화이트 와인을 제안하고 싶다. 마셔보기 전에 내가 집어 든 와인이 상큼한 화이트 와인인지 아닌지 어떻게 알 수 있냐고? 대체로 소비뇽 블랑 품종이나 피노 그리지오 품종을 택하면 실패 확률이 적다. 이러한 와인과 맛살이 함께 입안에 들어가는 순간 내가 씹고 있는 것이 맛살이 아니라 속이 꽉 찬 값비싼 대게 살이 아닌가 착각할 정도다. 와인의 산도가 맛살의 식감을 더욱 쫄깃하게 만들고, 싱그러운 레몬 향은 혹시 모를 밀가루 맛을 감쪽같이 숨겨준다.
같은 화이트 와인이라도 오크 숙성한 화이트 와인이라면 전혀 다른 스타일이다. 와인 라벨에 오크 숙성 여부가 표기된 경우는 많지 않지만, 일반적으로 미국산이나 칠레산 샤르도네 품종 와인들이 주로 이런 스타일이다. 이 와인들은 죽은 효모, 즉 앙금에 와인을 담가두거나 오크통 숙성을 하기 때문에 보디가 좀 더 무거

RESERVA
Casillero del Diablo
CHARDONNAY
원조의 자부심
한성기업
크래미
140 g(120 kcal)
맛밤
MONTES ALPHA
CABERNET SAUVIGNON
2022
Crunchips
Salted
양갱
LOTTE
미니 쌀약과

우면서 바닐라, 버터 그리고 견과류 향이 난다. 그래서 부드러운 식감과 고소한 유제품의 향이 있는 안주가 제격이다. 당장 냉장 코너에 가서 콘샐러드를 집어 오자. 이 두 가지를 함께 먹으면 오크 숙성한 와인의 화려한 풍미가 존재감을 발하면서 옥수수의 고소함과 달콤함까지 한층 살아난다. 하루쯤 호사를 부려보고 싶다면 큐브로 된 크림치즈나 작은 카망베르 치즈를 골라보는 것도 좋겠다. 오크 숙성 화이트 와인의 짝궁이라고 할 수 있을 정도로 일체감이 높은 페어링이기 때문이다.

화이트 와인에 잘 어울리는 색다른 메뉴로는 스낵을 추천하고 싶다. 특히 감자칩과 새우깡은 거의 모든 화이트 와인과 잘 어우러진다. 짭짤한 스낵의 과하지 않은 시즈닝과 짠맛이 적절하게 와인의 간을 맞춰준다. 스낵을 먹다 목이 멜 때쯤 다시 와인 한 모금을 마시면 입안이 언제 그랬냐는 듯 깔끔해진다. 특히 감자칩에는 스파클링 와인을, 새우깡은 화이트 와인을 권하고 싶다. 만약 과자를 별로 좋아하지 않는 분이라면 짭짤한 맛을 대신할 수 있는 선택지로 올리브가 있다. 올리브의 간결한 짠맛이 화이트 와인의 상큼함을 돋워줄 것이다. 이러한 조합들을 일단 한번 맛보고 나면 더 이상 편의점 냉장고의 맥주에는 손이 가지 않을지도 모른다.

레드 와인이라면?

레드 와인에 가장 잘 어울리는 안주를 편의점에서 찾아보면 단연 육포다. 육포는 대부분의 레드 와인과 잘 어우러지지만, 특히 풀 보디 레드 와인과 잘 어울린다. 대표적으로 카베르네 소비뇽, 메를로, 쉬라즈, 템프라니요, 말벡 같은 품종으로 풀 보디 레드 와인을 만든다. 특히 산도가 있고 투박한 타닌을 지닌 레드 와인의 예로는 시라, 템프라니요, 가르나차, 말벡 품종 와인이나 프랑스 보르도의 변방 지역 와인, 남프랑스, 스페인 남부, 포르투갈의 레드 와인이 잘 맞는다. 와인의 거칠고 모난 타닌은 육포로 인해 둥글어지고, 레드 와인의 향신료 향은 육포에 절묘하게 배어든다. 그 결과 평범한 편의점 육포가 마치 장인의 육포로 돌변한다. 누구나 후회하지 않을 최상의 매칭이다.

만약 당신의 취향이 가볍고 상큼한 레드 와인 또는 과실 향이 나면서 부드러운 타닌의 레드 와인 쪽이라면 안주의 선택지도 달라진다. 그렇다면 냉장 코너에서 핫바나 닭다리를 사야 한다. 핫바는 과실 향이 나면서 부드러운 타닌의 레드 와인, 예를 들어 미국이나 칠레, 호주의 와인들과 무난하게 잘 어울리는 최적의 파트너다. 가볍고 상큼한 레드 와인, 이를테면 피노 누아 품종의 레드 와인이라면 훈제 닭다리를 권하고 싶다. 사실 핫바나 다이어트용 닭다리는 주로 바쁘거나 간단하게 한 끼를 때우기 위해 먹는 경우가 많다. 하지만 여기에 적절한 와인 한 잔을 더해보면, 조촐한 식탁은 격식을 차린 디너 테이블이 된다. 와인 페어링의 매력이 일상에서 빛을 발하는 타이밍이다. 레드 와인에 어울리는 또 다른 메뉴로는 매콤한 고추장맛 감자칩이나 먹태깡 같은 스낵을 추천한다.

스위트 와인이라면?

마지막은 달콤한 와인과의 페어링이다. 달콤한 화이트 와인, 예를 들어 모스카토 다스티 같은 가벼운 스파클링 와인은 편의점에서도 그리 어렵지 않게 구할 수 있는 가성비 스위트 와인이다. 모스카토 다스티 한 잔에 맛밤이나 약과를 곁들여 보자. 의외로 놀랍고 훌륭한 디저트 차림이 될 것이다. 만약 달콤한 레드 와인을 마신다면 양갱이나 초콜릿을 권하고 싶다. 사실 스위트 와인과 편의점 간식과의 조합은 누구든 거부하기 힘든 조합이다. 와인만 마셨을 때는 우리가 아는 그 맛이다 싶겠지만 맛밤 한 알, 약과 한 조각이 더해지면 새로운 차원의 단맛을 즐길 수 있다. '음식과 와인의 시너지 효과란 이런 것이구나' 싶은 조합일 것이다.

와인을 마시는 특별한 순간을 위해 반드시 일생에 한 번 먹기 힘든 고가의 와인을 준비하거나 미쉐린 스타 레스토랑에 방문할 필요는 없다. 비싸고 화려한 만찬이 아니라도 우리는 충분히 일상에서 새로운 맛의 즐거움을 찾고 느낄 수 있다. 흔하고 평범한 편의점 메뉴가 와인과 만나서 예상치 못한 조합을 보여주는 순간, 일상의 새로운 발견은 물론 오늘 하루도 무사히 잘 보냈다며 누군가 따뜻하게 토닥여 주는 듯한 위로도 느낄 수 있을 것이다.

화이트 와인과 어울리는 요리

라이트 보디 화이트 와인
아로마틱 화이트 와인
풀 보디 화이트 와인

2

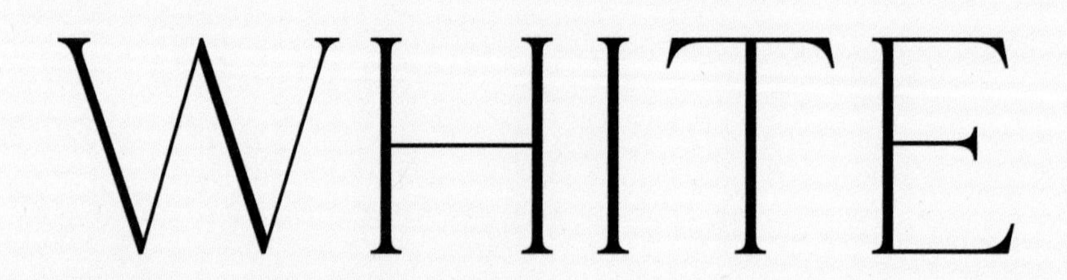

라이트 보디 화이트 와인 방풍나물, 사과, 부라타 치즈 삼합
달래장 들기름 냉파스타
스페인식 꽈리고추볶음
돼지고기 마늘종 라이스페이퍼말이
브리 치즈 곰취 쌈밥

아로마틱 화이트 와인 고수 화전
5분 완성 문어 감자 스테이크
공심채 항정살 볶음

풀 보디 화이트 와인 갈릭 버터 바지락볶음
대파 크림 파스타
들기름 순대구이

방풍나물, 사과, 부라타 치즈 삼합

WHITE WINE-LIGHT BODY

리나스테이블Lena's Table 단골 메뉴인 제철 나물과 과일, 부라타 치즈 삼합. 나물 중에서도 특히 쌉싸름한 방풍나물이 달콤한 사과, 부드러운 부라타 치즈의 조합과 잘 어울려서 가장 많이 만들어 먹는 메뉴입니다. 여기서 포인트는 들기름! 처음에는 엑스트라 버진 올리브오일만 뿌려서 만들었는데, 들기름을 살짝 더해봤더니 맛이 더 풍성해졌어요.

WINE PAIRING TIP

이 요리는 뉴질랜드의 소비뇽 블랑 와인과 특히 잘 어울리는 메뉴로, 소비뇽 블랑 품종 특유의 허브 뉘앙스가 나물과 잘 매칭됩니다. 또 신대륙 소비뇽 블랑 특유의 단맛이 사과와도 잘 어우러져요.

INGREDIENT

2인분

방풍나물 40g
부라타 치즈 100g
사과 100g
엑스트라 버진 올리브오일 1큰술
화이트 발사믹 비네거 1큰술
들기름 1작은술
소금 1큰술

옵션

- 장식용 돌나물 10g
- 장식용 식용 꽃 10g

* 부라타 치즈는 먹기 30분 전 상온에 꺼내두면 더 부드럽게 즐길 수 있어요.
* 방풍나물이 없다면 참나물이나 시금치를 사용해도 좋습니다.

HOW TO MAKE

1 끓는 물에 소금 1큰술을 넣고 방풍나물을 2분간 데친다.

2 데친 방풍나물은 찬물에 헹궈 물기를 꼭 짜서 준비한다.

3 사과는 씨 부분을 제거하고 껍질째 얇게 썬다.

4 접시 위에 부라타 치즈를 찢어 듬성듬성 올리고, 사이사이에 사과 슬라이스를 얹는다.

5 남은 부분에 데친 방풍나물을 올리고, 돌나물과 식용 꽃으로 장식한다.

6 화이트 발사믹 비네거, 엑스트라 버진 올리브오일, 들기름을 골고루 뿌려준다.

7 소금을 뿌려 마무리한다.

달래장 들기름 냉파스타

WHITE WINE-LIGHT BODY

어린 시절, 봄이 되면 어머니가 달래장을 자주 만들어 주셨어요. 달래 특유의 향긋하면서도 알싸한 향에 참기름의 고소한 풍미, 여기에 어린 시절의 추억까지 더해지니 아직도 봄이 되면 저절로 달래장이 생각나곤 합니다. 달래장은 보통 비빔면으로 즐기지만 식감을 조금 더 살리고 싶다면 카펠리니 파스타 면을 활용해 보세요. 산뜻한 파스타에 들깨와 들기름까지 듬뿍 넣어주면 와인과도 잘 어울리는 '봄의 맛' 한 접시가 금세 완성되지요!

WINE PAIRING TIP

고소한 맛과 오일리한 텍스처가 특징인 들기름 파스타를 먹을 때는 과실 향이 강한 화이트 와인은 피해야 합니다. 그래서 무게감은 가볍지만 부드럽고 뉴트럴한 풍미의 화이트 와인, 예를 들면 리슬링, 슈냉 블랑, 세미용 그리고 샤르도네 품종의 와인과 두루 잘 어울립니다. 그중에서도 독일 모젤의 리슬링이나 프랑스 루아르의 슈냉 블랑 또는 부르고뉴 샤르도네 와인을 추천합니다. 이 와인들은 들기름과 참기름 특유의 고소함과 달래장의 알싸함을 다 받아줄 수 있는 중성적인 매력이 있습니다.

INGREDIENT

2인분

카펠리니(파스타) 150g
깻잎 30g
들깨 ½큰술

달래장

- 달래 10g
- 간장 2큰술
- 들기름 3큰술
- 참기름 1큰술
- 매실청 2큰술
- 까나리액젓 1큰술
- 다진 마늘 1작은술

* 카펠리니 면이 없다면 가는 국수 면으로 대체할 수 있습니다.

* 까나리액젓 대신 멸치액젓을 사용할 경우, 멸치액젓의 맛이 까나리액젓보다 더 강하고 짠맛이 나기 때문에 ⅔큰술이나 ½큰술로 분량을 조절해주세요.

HOW TO MAKE

1 깻잎은 얇게 채를 썬다. 달래는 굵게, 마늘은 곱게 다진다.

2 다진 달래에 나머지 달래장 재료를 넣고 잘 섞어준다.

3 끓는 물에 카펠리니를 넣고 봉지에 적힌 시간만큼 삶아준다.

4 익은 면을 건져 차가운 물에 헹군다.

5 볼에 차가운 면과 양념장을 넣고 잘 버무려준다.

6 접시에 면을 담고, 채 썬 깻잎과 들깨를 올려서 낸다.

스페인식 꽈리고추볶음

WHITE WINE-LIGHT BODY

스페인식 고추튀김인 피미엔토 데 파드론Pimiento de Padrón을 변형해 만든 요리입니다. 주로 스페인의 타파스 바에서 간단하게 내는 이 메뉴는 고추를 올리브오일에 살짝 튀기듯이 구운 다음, 굵은소금을 뿌려 내는 아주 심플한 안주예요. 보통 파드론 마을에서 유래한 파드론 고추Padrón pepper를 사용해 만드는데, 녹색의 작고 불규칙한 모양과 매운맛이 마치 우리나라 꽈리고추와 유사해 꽈리고추로 응용해 보았습니다.

WINE PAIRING TIP

파미엔토 데 파드론과 알바리뇨 품종의 화이트 와인은 스페인의 북서부 갈리시아 지역의 동일한 로컬 테마로 완성된 전통적인 페어링입니다. 간간하면서도 매콤한 맛의 고추볶음과 상큼한 에너지가 느껴지는 알바리뇨 품종의 와인이 잘 어울리지요. 비슷한 캐릭터를 지닌 이탈리아 코르테제 품종의 화이트 와인도 이 요리와 매력 있는 페어링을 연출해 줄 거예요.

INGREDIENT | 2인분

꽈리고추 200g
마늘 30g
엑스트라 버진 올리브오일 2큰술
소금 1작은술
레몬 20g

HOW TO MAKE

1 꽈리고추는 꼭지째 잘 씻어서, 물기를 제거한다.

2 마늘은 얇게 편으로 썬다. 레몬은 6등분하여 잘라준다.

3 프라이팬에 엑스트라 버진 올리브오일을 두른다.

4 약불에서 마늘을 넣고 볶다가 향이 올라오면 꽈리고추를 넣는다.

5 센 불에서 꽈리고추가 표면이 하얗게 될 때까지 볶는다.

TIP. 이때 강불에서 튀기듯이 빠르게 볶아내는 것이 포인트예요.

6 볶은 꽈리고추를 그릇에 담고 소금을 뿌려 낸다.

7 레몬을 곁들인다.

SILENI

돼지고기 마늘종 라이스페이퍼말이

WHITE WINE-LIGHT BODY

베트남의 인기 길거리 음식인 반 짱 느엉Banh Trang Nuong을 한국의 고추장소스로 변형해 만든 요리예요. 라이스페이퍼 위에 달걀을 깨서 골고루 바른 후, 다양한 토핑을 올려 즐길 수 있지요. 바삭하면서도 고소한 풍미가 좋아 한번 먹어보고 나면 너무나 맛있어서 자꾸만 찾게 되는 메뉴랍니다.

WINE PAIRING TIP

고추장과 향신료, 돼지고기가 넉넉히 들어간 이 요리에는 산뜻한 과실 향과 미네랄리티가 있는 리슬링 품종 와인이 잘 어울립니다. 그중에서도 풍부한 맛과 향의 호주나 뉴질랜드산 리슬링 와인을 추천합니다.

INGREDIENT | 2인분

라이스페이퍼 4장
달걀 4개
다진 돼지고기 200g
마늘종 50g
쪽파 15g
식용유 1큰술
홍고추 10g
고수 5g

옵션

라임 적당량

양념장

- 고추장 1작은술
- 설탕 ½작은술
- 참기름 2큰술
- 후추 ¼작은술

HOW TO MAKE

1 마늘종, 쪽파, 홍고추는 잘게 송송 썰어준다. 고수는 잎만 따서 준비한다.

2 볼에 양념장 재료를 모두 넣고 잘 섞어준다.

3 프라이팬에 식용유를 두르고 마늘종과 돼지고기를 볶는다.

4 양념장을 넣고 잘 볶아준 다음, 팬에서 꺼내 식힌다.

5 볼에 식힌 마늘종 돼지고기에 달걀과 쪽파를 넣고 잘 섞어준다.

6 기름을 두르지 않은 마른 프라이팬에 불리지 않은 라이스페이퍼를 올린다.

7 라이스페이퍼의 가장자리가 말리기 시작하면 그 위에 돼지고기 믹스를 붓는다.

8 달걀이 어느 정도 익으면 그 위에 홍고추와 고수를 올리고, 반으로 접어준다.

9 기호에 따라 라임을 곁들여 낸다.

TIP. 라임즙을 뿌려 먹으면 더 맛있어요.

ERNARD DEFAIX
CHABLIS Ier CRU

브리 치즈 곰취 쌈밥

WHITE WINE-LIGHT BODY

와인을 즐기다 보면 가끔씩 든든한 요깃거리가 필요한 순간이 있죠. 그럴 때는 쌈밥이 훌륭한 대안이 될 수 있어요. 향긋한 쌈밥 안에 브리 치즈나 까망베르 치즈를 넣어보세요. 고급스러운 치즈의 풍미가 더해져, 와인과도 잘 어울리고 평범한 쌈밥을 더욱 이색적이고 맛있는 메뉴로 즐길 수 있답니다.

WINE PAIRING TIP

밥이 들어간 메뉴와 와인을 함께 먹을 경우, 과실 향이 강한 와인은 그다지 어울리지 않는 편입니다. 이때는 짭조름한 미네랄 풍미가 있는 와인을 곁들여 보세요. 특히 프랑스의 샤블리, 상세르, 코토 샴프누아 지역의 화이트 와인을 추천합니다. 쌈밥에 들어간 쌈장의 짭짤한 맛이 짠맛이 있는 와인과 잘 어우러질 거예요.

INGREDIENT

1인분

브리 치즈 60g
곰취 잎 10장
밥 200g
소금 1큰술

옵션

장식용 식용 꽃 약간

쌈장

- 된장 20g
- 다진 마늘 2g
- 참기름 1큰술
- 깨 1작은술

* 곰취가 없다면 케일, 호박잎, 양배추, 배추 잎 등을 데쳐서 만들어보세요.
* 브리 치즈 외에도 카망베르 치즈, 체다 치즈, 모짜렐라 치즈 등 다양한 치즈를 활용할 수 있어요.

HOW TO MAKE

1 끓는 물에 소금 1큰술을 넣고 곰취를 30초간 데친 후 찬물에 담근다.

2 데친 곰취는 물기를 꼭 짜서 준비한다.

3 브리 치즈는 0.5㎝ 큐브로 썰어준다.

4 볼에 쌈장 재료를 모두 넣고 잘 섞어준다. 완성된 쌈장은 짤주머니에 담는다.

5 곰취 잎을 넓게 펼치고, 밥을 한입 크기로 올린다.

6 밥 위에 브리 치즈를 올리고 곰취로 감싸준다.

7 완성된 쌈밥 위에 쌈장을 짜서 마무리한다.

8 장식용 식용 꽃을 쌈장 위에 올린다.

TERMINUM

고수 화전

WHITE WINE-AROMATIC

궁중 음식을 배우러 다니던 시절, 가장 인상 깊었던 요리는 바로 화전이었습니다. 봄꽃이 피는 계절에 진달래꽃으로 많이 만드는 화전은 예쁜 비주얼과 더불어 부드럽고 고소한 맛까지 즐길 수 있는 요리예요. 특히 화전에 들어가는 잎사귀를 고수로 표현하면 이색적인 맛과 향이 더해져 향이 좋은 화이트 와인과도 무척 어울린답니다.

WINE PAIRING TIP

시각과 미각을 모두 만족시키는 화전의 매력을 돋보이게 하려면 와인의 아로마 역시 화려해야 합니다. 프랑스의 뮈스카 품종, 이탈리아 피아노 품종이나 아르헨티나의 토론테스 품종은 열대 과일과 꽃 아로마가 풍성하게 쏟아져 나오는 것이 특징입니다. 그래서 화전에 얹은 꽃과 고수, 곁들인 꿀과도 모두 잘 어울리지요. 마치 눈에 담은 화전의 화사함을 입안까지 가져온 듯한 착각이 들 거예요.

INGREDIENT | **2인분**

식용 꽃 20g
고수 10g
찹쌀가루 200g
뜨거운 물 150~200g
꿀이나 시럽 4큰술
식용유 2큰술

* 최근 한국에도 식용 꽃을 키우는 농장들이 많아졌습니다. 그래서 팬지나 카렌듈라, 제비꽃과 같은 다양한 식용 꽃을 온라인 마트에서 쉽게 구할 수 있어요.

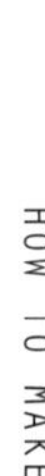

1 식용 꽃은 식촛물에 한 번 헹궜다가 물기를 제거한다.

2 볼에 찹쌀가루를 담고, 뜨거운 물을 조금씩 부어가며 부드럽게 반죽한다.

TIP. 계절과 온도에 따라 반죽의 상태가 달라지므로, 물을 조금씩 부어가며 조절해주세요.

3 반죽을 동그랗게 빚은 후 바닥을 납작하게 눌러준다.

4 쿠키 커터를 이용해 가장자리를 깔끔하게 잘라준다.

5 프라이팬에 식용유를 두른 후 찹쌀 반죽이 투명해질 때까지 앞뒤로 노릇하게 굽는다.

6 익은 면에 식용 꽃과 고수를 붙인다. 꽃잎과 고수가 잘 붙도록 손으로 살짝 눌러준다.

7 꽃과 고수가 붙은 면이 아래로 가도록 뒤집어 살짝 더 익힌다.

TIP. 꽃을 붙인 면은 너무 오래 익히지 않아야 색감을 예쁘게 살릴 수 있어요.

8 접시에 예쁘게 담고, 꿀이나 시럽과 함께 낸다.

5분 완성 문어 감자 스테이크

WHITE WINE-AROMATIC

스페인식 문어 요리인 뽈뽀Polbo á Feira를 자숙 문어를 활용해 쉽게 만들어 보았습니다. 원래 스페인에서는 삶은 감자 위에 문어를 올리고, 파프리카 가루와 엑스트라 버진 올리브오일만 뿌려 가볍게 먹는 요리예요. 제가 집에서 여러 번 만들어 보니, 버터에 굽는 것을 손님들이 더 선호하는 것 같아 스테이크로 변형해 보았습니다. 잘 구워진 문어에 사워크림까지 얹어 먹으면 더 고소하고 부드럽게 즐길 수 있어요.

WINE PAIRING TIP

문어나 감자 요리는 적당한 무게감이 느껴지지만 풍미는 약한 편입니다. 그래서 프랑스의 비오니에 품종이나 이탈리아 베르멘티노 품종 그리고 스페인의 베르데호 품종처럼 무게감도 있고 진한 풍미의 화이트 와인을 추천하고 싶습니다. 문어나 감자를 씹는 동안 와인의 향이 배어들면서 음식의 맛을 더욱 풍성하게 만들어줍니다. 키위나 자몽 등 과실 향이 강한 신대륙 소비뇽 블랑도 함께 마시기에 정말 근사한 와인입니다. 특히 뉴질랜드의 소비뇽 블랑 와인은 훈제 파프리카 파우더와 잘 어울리는 향을 지녔습니다.

INGREDIENT | 1인분

자숙 문어 400g
감자 150g
올리브 50g
무염 버터 20g
사워크림 50g
훈제 파프리카 파우더 1큰술
파슬리 가루 1작은술
연두 1큰술
엑스트라 버진 올리브오일 2큰술

* 자숙 문어는 이미 삶아진 상태이기 때문에 별도로 데칠 필요가 없어요. 가볍게 헹궈서 사용하면 됩니다.
* 일반 간장보다 저염인 연두를 사용했습니다. 연두가 없다면 천일염으로 간을 해도 됩니다.

HOW TO MAKE

1 자숙 문어는 가볍게 헹궈 물기를 제거한다.

2 감자는 1㎝ 크기 큐브 모양으로 썰어 흐르는 물에 헹궈준다.

3 감자를 그릇에 담고 엑스트라 버진 올리브오일에 버무린 다음, 전자레인지에 넣고 1분간 익힌다.

4 프라이팬에 무염 버터를 녹인 후 감자를 넣고 볶는다.

5 자숙 문어와 올리브를 넣고, 문어의 겉면만 바삭하게 굽는다.

6 연두와 후추를 넣고 간을 한다.

7 훈제 파프리카 파우더와 파슬리 가루를 뿌려 버무린다.

8 프라이팬의 한쪽에 자리를 만든 후 사워크림을 넣어준다.

9 사워크림 위에 엑스트라 버진 올리브오일과 훈제 파프리카 파우더를 뿌려 마무리한다.

공심채 항정살볶음

WHITE WINE-AROMATIC

돼지고기와 공심채를 넣은 태국식 볶음에, 동남아의 피쉬 소스 대신 한국에서 쉽게 구할 수 있는 까나리액젓을 넣어서 만든 메뉴예요. 짭조름한 감칠맛에 아삭한 공심채의 식감이 잘 어우러져서 금세 한 접시를 비우게 되는 안주랍니다.

WINE PAIRING TIP

이 요리는 동남아식 피쉬 소스와 마늘, 고추, 페페론치노 등 강렬한 향신료 향이 강하기 때문에 와인도 아로마틱하고 진하고 풍성해야 합니다. 그래서 리슬링이나 게뷔르츠트라미너 품종의 화이트 와인을 추천합니다. 리슬링 품종은 와인마다 워낙 스타일이 다양하다 보니 조금 주의를 기울여야 하는데요. 독일 라인가우 지역의 리슬링 와인이라면 향신료가 가미된 돼지고기와 완벽한 조합을 이룰 거예요.

INGREDIENT

2인분

항정살 100g
공심채 150g
마늘 50g
페페론치노 6개
홍고추 5g
식용유 1큰술
후추 1꼬집

볶음 소스

- 까나리액젓 1큰술
- 굴소스 2큰술
- 설탕 1작은술

* 항정살 대신 바지락, 모시조개, 건새우 등을 넣어 만들어도 잘 어울려요.
* 까나리액젓 대신 멸치액젓을 사용해도 되지만, 멸치액젓은 까나리액젓에 비해 맛과 향이 더 강렬하므로 표시된 분량보다 좀 더 적은 양을 넣어주세요.

HOW TO MAKE

1 까나리액젓, 굴소스, 설탕을 볼에 넣고 잘 섞는다.
2 항정살은 3㎝ 길이로 썰어준다.
3 마늘은 편으로 썰고, 홍고추는 송송 썬다.
4 공심채는 5㎝ 길이로 썰어 준비한다.
5 프라이팬에 식용유를 두르고 마늘과 페페론치노를 먼저 넣고 볶아 향을 낸다.

6 항정살을 넣고 볶다가 공심채의 단단한 줄기 부분을 넣고 볶는다.

7 공심채의 잎, 홍고추, 양념장을 넣고 함께 볶아준다.

8 후추를 뿌려 마무리한다.

갈릭 버터 바지락볶음

WHITE WINE-FULL BODY

누구나 좋아하는 바닐라와 버터 향이 풍부한, 오크 숙성 풀 보디 화이트 와인과 아주 잘 어울리는 메뉴를 소개합니다. 누구나 손쉽게 만들 수 있는 바지락볶음 요리예요. 고소한 버터 향의 짭조름한 조개볶음에 페페론치노를 넣어 살짝 매콤한 맛을 더하고, 참나물을 올려 더욱 향긋하게 만들었습니다.

WINE PAIRING TIP

이 요리는 버터, 마늘, 양파의 풍미가 강하다 보니 유제품 향과 오크 향이 강한 화이트 와인이 제격입니다. 오크 숙성한 샤르도네 와인이라면 어떤 것이든 잘 어울릴 거예요. 특히 미국 카네로스 지역이나 뉴질랜드처럼 신대륙이지만 비교적 서늘한 산지에서 생산된 샤르도네 화이트 와인이라면 더욱 완벽합니다. 이 와인들과 함께라면 바지락의 쫄깃한 식감까지 더욱 생생하게 느낄 수 있을 거예요.

INGREDIENT

2인분

바지락 500g
양파 50g
참나물 70g
무염 버터 40g
마늘 50g
페페론치노 6개
소금 1큰술
후추 ¼작은술

옵션

- 사워도우 빵 적당량
- 레몬 20g

* 바지락 대신 모시조개, 동죽조개, 비단조개 등 다른 조개를 이용해도 좋아요.
* 페페론치노가 없다면 청양고추를 썰어 넣어도 됩니다.

HOW TO MAKE

1 바지락은 충분히 잠길 정도의 물에 소금 1큰술을 넣은 다음 냉장고에서 반나절 해감한다. 해감한 바지락은 흐르는 물에 깨끗히 씻어 물기를 빼서 준비한다.

2 마늘은 ⅓은 다지고, 나머지는 편으로 썬다. 양파는 굵게 다진다.

3 참나물은 4㎝ 길이로 썬다. 줄기와 잎을 따로 분리해 준비한다.

4 프라이팬에 버터를 넣고 약불에서 녹인다. 편으로 썬 마늘, 양파, 페페론치노, 다진 마늘 순서대로 넣고 볶는다.

TIP. 처음부터 불이 강하면 다진 마늘이 탈 수 있으므로 약불에서 마늘 향을 내는 것이 포인트예요. 바지락을 넣고 나서는 조개에서 물이 나오기 때문에 불을 세게 올려도 됩니다.

5 마늘 향이 올라오면 바지락을 넣는다.

6 중불로 올려 바지락을 가끔씩 저어가며 익힌다.

7 조개가 입을 벌리기 시작하면 참나물 줄기 부분을 넣는다.

8 소금, 후추로 간을 한다.

9 완성된 바지락볶음 위에 참나물 잎 부분, 사워 도우, 레몬을 함께 올려낸다. 레몬즙을 뿌려 먹는다.

TIP. 갈릭 버터 향에 바지락과 참나물의 풍미까지 배어, 빵을 찍어 먹어도 좋고 파스타 면을 삶아 비벼 먹어도 좋은 메뉴예요.

대파 크림 파스타

WHITE WINE-FULL BODY

네이버 푸드판 메인에 약 3년간 매주 리나스테이블Lena's Table 요리 영상을 연재한 적이 있습니다. 그중 대파 크림 파스타는 의외로 너무 잘 어울리는 대파와 크림의 조화 덕분에 오랜 시간 많은 분들에게 가장 인기 있었던 메뉴 중 하나예요. 크리미한 소스에 달큰하게 볶아낸 대파를 더해주니, 그냥 먹어도 맛있지만 풍부한 맛의 화이트 와인과도 무척 잘 어울립니다.

WINE PAIRING TIP

크리미한 소스와 어울리는 와인은 크리미한 텍스처의 화이트 와인입니다. 신대륙의 샤르도네 품종이나 프랑스 부르고뉴 화이트 와인이 대표적입니다. 이 와인들은 주로 오크 숙성을 거치다 보니 무겁고 오일처럼 매끈해서 파스타의 크리미한 텍스처를 감당할 수 있습니다. 뿐만 아니라 와인의 산도가 소스의 느끼한 맛을 깔끔하게 마무리해 줍니다.

INGREDIENT | 2인분

대파 200g
요리용 액상 크림 1컵(200ml)
베이컨 40g
파파르델레(파스타) 200g
엑스트라 버진 올리브오일 2큰술
소금, 후추 약간

* 생각보다 대파가 많이 들어가는 메뉴예요(약 3~4대). 익히는 과정에서 대파의 숨이 많이 죽기 때문에 분량만큼 충분히 준비해 주세요.
* 파파르델레는 폭이 2~3㎝ 정도로, 파스타 중에서도 넓은 편에 속하는 면이에요. 반죽의 표면이 넓어 소스를 잘 흡수하는 특징이 있기 때문에 크림소스와 라구 소스 같이 맛이 진한 소스와 잘 어울립니다.

HOW TO MAKE

1 대파는 송송 잘게 썰어준다.
2 베이컨은 굵게 다진다.
3 끓는 물에 소금을 1큰술 넣은 다음, 파스타 면을 삶는다.
4 프라이팬에 엑스트라 버진 올리브오일을 두르고 베이컨을 바삭하게 익힌다. 익힌 베이컨은 키친타월에 올려 기름을 빼준다.

5 다시 프라이팬에 엑스트라 버진 올리브오일을 두르고, 파기름을 내듯 대파를 충분히 볶아준다.

6 액상 크림과 면수 한 국자를 넣어 걸쭉하게 소스를 만든다.

7 익힌 파스타 면을 넣는다.

8 소금, 후추로 간을 한다. 마무리로 베이컨을 파스타 위에 뿌려 낸다.

들기름 순대구이

WHITE WINE-FULL BODY

분식을 이것저것 주문해 먹다 보면 가끔씩 순대가 남을 때가 있어요. 이때 남은 순대를 버리지 말고 냉장고에 넣었다가 들기름에 살짝 구워 먹어보세요. 바삭하게 익은 면이 마치 튀김처럼 변해 색다르게 즐길 수 있답니다. 제가 부르고뉴 지방에서 분식으로 팝업 이벤트를 했을 때 현지인들에게도 인기가 있었던 메뉴예요. 와인 생산자들이 엄지를 척 올려주었던 요리지요!

WINE PAIRING TIP

순대를 먹을 때는 보통 소금이나 새우젓에 찍어 먹곤 하는데요, 보르도의 페삭 레오냥 지방은 바다 근처에 위치해 이 지역의 와인은 소금이 들어간 음식과 특히 잘 어울립니다. 와인의 짭짤한 미네랄이 순대의 소금 간과, 고소한 효모 향은 들기름의 풍미와 잘 어우러지죠. 또 다른 추천 조합으로는 블랑 드 블랑 샴페인을 들 수 있어요. 샤르도네 품종 100%로 만든 샴페인의 가볍고 산뜻한 맛이 고소한 순대와 무척 잘 어울린답니다.

INGREDIENT

2인분

순대 200g
들기름 1큰술
식용유 1큰술
소금 적당량

옵션

장식용 방아 10g

* 우리나라 남부 지방에서 많이 사용하는 방아 잎은 민트처럼 톡 쏘는 강한 향을 가지고 있어 순대와 참 잘 어울립니다. 최근에는 온라인에서도 손쉽게 구할 수 있으니 꼭 한번 사용해 보세요. 남은 방아는 쌈 채소, 전, 겉절이 등으로 다양하게 활용할 수 있어요.

HOW TO MAKE

1 냉장 보관했던 순대는 전자레인지에 돌려 말랑하게 만든다.

2 프라이팬에 식용유와 들기름을 섞어 넣는다.

TIP. 순대는 센 불에서 익혀야 바삭하게 구울 수 있는데, 들기름은 상대적으로 발연점이 낮기 때문에 포도씨유, 해바라기유와 같은 식용유와 반반 섞어 사용합니다.

3 강불에서 순대를 노릇하게 굽는다.

4 마무리로 소금을 살짝 뿌려준다.

5 접시에 담고, 방아 잎을 올려 낸다.

치즈와 와인 페어링

Cheese and Wine Pairing

사람들에게 가장 대표적인 와인 안주를 딱 하나만 고르라고 한다면? 아마도 주저 없이 치즈를 선택할 것이다. 치즈는 드넓은 와인 페어링의 세계를 이어주는 첫 번째 징검다리와 같다.
그만큼 와인과 치즈는 영원한 동반자다. 와인은 우리의 감각을 자극하고 치즈는 우리의 미각을 만족시킨다. 좋은 치즈는 와인의 맛을 끌어내고, 와인은 다시 치즈의 맛을 끌어올려 주기 때문이다. 그래서 와인과 치즈의 마리아주는 오랫동안 많은 사람들에게 사랑받은 페어링이 되었다.
치즈의 종류는 무척 다양하다. 그래서 와인에 따라 과연 어떤 치즈를 선택할 것인가 역시 고민스러운 문제다. 그렇다고 해서 무작정 아무 치즈를 골라 함께 먹는다면 원하는 결과를 얻을 수 없을 것이다. 이럴 때 기본적으로 떠올리면 좋을 법칙들이 있다.

첫 번째로 동일한 지역에서 생산되는 치즈와 와인을 함께 먹는 것이다. 예를 들어 프랑스 쥐라 와인과 콩테, 이탈리아 네비올로 품종 레드 와인과 탈레지오, 스페인 리오하 레드 와인과 만체고, 독일의 리슬링 슈페트레제 화이트 와인과 림버거 그리고 미국 소노마 코스트의 샤르도네 화이트 와인과 훔볼트 포그 치즈 등의 조합은 오랜 지리적 전통과 사람들의 경험이 녹아든 완벽한 궁합이다.
그중에서도 내가 가장 추천하는 조합은 프랑스 루아르 지역에서 소비뇽 블랑 품종으로 만든 상세르 화이트 와인과 크로탱 드 샤비뇰Crottin De Chavignol 치즈다. 크로탱 드 샤비뇰은 염소젖 치즈로, 상세르 지역의 염소들은 풍부한 풀과 허브를 먹고 자라기 때문에 치즈에 고유한 맛과 향을 만들어 낸다. 당연히 같은 곳에서

CHEESE

나고 자란 상세르 와인과 단단히 묶인 테루아의 정서가 흐를 것이다. 상세르 와인을 한 모금 마신 후 신선한 크로탱 드 샤비뇰 한 조각을 먹어보자. 와인의 미네랄리티가 산양유의 독특한 풍미를 산뜻하게 날리고, 와인의 산미는 치즈의 부드러운 크리미함과 어우러져 거부할 수 없는 매력을 발산할 것이다. 꼭 상세르산이 아니더라도 프랑스 염소 치즈에 시원한 소비뇽 블랑 한 잔만 있다면 충분하다.

두 번째는 치즈의 종류에 따라 와인을 맞추는 방식이다. 모든 치즈는 고유의 풍미와 질감을 지니며, 와인 역시 산도, 타닌, 보디 등의 특성이 다양하다. 이때 서로의 장점을 살린 페어링을 만들기 위해서는 먼저 텍스처에 따라 치즈를 분류하는 게 좋다. 치즈는 질감에 따라 크게 프레시, 소프트, (세미)하드 3가지로 구분할 수 있다. 여기에 내가 치즈와 함께 마실 와인이 그 텍스처에 어울리는지 아닌지를 생각해 보면 선택은 비교적 수월해진다.

소프트 치즈

소프트 치즈는 두부와 비슷하다. 모양은 고정되어 있지만 손가락으로 누르면 쑥 들어가는 부드러운 질감이다. 소프트 치즈는 흰 곰팡이 치즈와 워시 치즈(Wash Cheese) 두 가지로 나뉜다. 둘 다 숙성을 하지만 기간이 3~4주 정도로 짧으며, 크리미한 고소함과 질감이 부드럽다는 공통점이 있다.

먼저 흰 곰팡이 치즈는 이름 그대로 솜털 같은 흰 곰팡이가 치즈 표면을 덮고 있는 모습이다. '치즈의 꽃'이라고 하면 뭐니 뭐니 해도 흰 곰팡이 치즈가 아닐까? 그래서 우리에게도 이미 익숙한 이름들이 많다. 카망베르, 브리, 브리야 사바랭이 대표적인 흰 곰팡이 치즈다. 이러한 소프트 치즈에 화이트 와인은 압도적으로 잘 어울리는 한 쌍이다. 치즈의 크리미한 질감이 와인의 구조를 부드럽게 해주고, 와인의 산도는 치즈의 기름지고 크리미한 맛을 깔끔하게 정돈해 준다. 같은 맥락에서 청량감이 강한 스파클링 와인도 추천하고 싶다.

두 번째 워시 치즈는 앞서 언급한 흰 곰팡이 치즈와는 명백하게 다른 독자적인 스타일을 지녔다. 워시 계열의 대표 치즈라면 에푸아스, 몽도르, 탈레지오를 들 수 있다. 흰 곰팡이가 치즈의 텍스처, 즉 크리미함을 대표하고 있다면 워시 치즈는 치즈의 향을 담당한다. 워시 치즈는 치즈의 표면을 소금물이나 맥주, 와인, 브랜디 등으로 씻고 숙성해 만들기 때문에 껍질이 낫토처럼 끈적인다. 게다가 무엇보다도 냄새가 고약하다. 외국인이 우리나라의 청국장 냄새를 처음 맡았을 때 바로 이런 기분일까 싶을 정도다. 하지만 워시 치즈가 와인과 만나 조화를 이루는 순간 반전이 일어난다. 최고의 선택지는 바로 화이트 와인이다. 그중에서도 파워풀한 화이트 와인은 치즈의 꼬릿한 향을 견과류 풍미로 변화시키고, 껍질 안에 숨어 있던 치즈의 속살을 보드라운 백숙의 순살처럼 고소하게 만든다. 어떤 이들은 워시 치즈에 레드 와인을 추천하기도 한다. 사실 이 둘의 조화도 꽤 흥미롭다. 워시 치즈가 지닌 베이컨 풍미와 타닌 그리고 훈연 향과 가벼운 오크 향이 와인과 이질감 없이 맞아떨어진다. 이때 주의할 점은 타닌이 너무 강하거나 향신료 아로마가 두드러지는 레드 와인은 피해야 한다는 것이다.

하드 치즈

하드 치즈는 가장 장기간 숙성하는 치즈다. 그래서 묵직한 중량감이 있다. 하드 치즈의 종류는 두 가지로 나눌 수 있는데, 먼저 지우개처럼 말랑한 '세미 하드 타입'과 벽돌처럼 단단한 '하드 타입'이다. 미몰레트, 콩테, 에멘탈, 만체고, 체다 그리고 고다 치즈가 세미 하드에 가깝다면, 파르미지아노 레지아노는 전형적인 하드 치즈의 모습을 보여준다. 이 치즈들은 오랜 기간 숙성되므로 아미노산 등의 감칠맛 성분이 뛰어나고 단백질 함량이 높다. 게다가 우리나라 사람들이 가장 좋아할 고소한 맛도 있다. 그래서 하드 치즈에는 타닌이 있는 레드 와인이 정석적으로 잘 어울린다. 레드 와인의 타닌이 치즈의 단백질과 잘 어우러지기 때문이다. 치즈의 단백질은 와인의 떫은맛을 줄여주고, 타닌은 치즈의 단백질을 녹여서 식감을 마치 인절미처럼 쫀득하게 만든다. 치즈가 단단할수록 와인의 타닌도 강한 타입을 고르면 된다.

하드 치즈는 묵을수록 더 단단해지고 색노 짙어진다. 풍미가 농후해지고 부드러운 단맛도 강해진다. 따라서 와인과 치즈의 나이를 맞췄을 때 와인 페어링의 진가를 발휘할 수 있다. 신선한 치즈는 대개 와인의 신선한 과일 향과 잘 맞는다. 숙성된 하드 치즈는 와인의 숙성된 향과 만났을 때 최고의 조합을 이룬다. 오랜 시간을 견딘 치즈와 와인, 각자의 존재감이 입안에서 하나로 어우러지며 더욱 깊고 섬세하며 복합적인 맛을 만들어낸다. 그러니 한번쯤 묵힌 치즈와 묵힌 와인을 함께 매칭해 보며 특별한 호사를 누려보는 것도 괜찮지 않을까 싶다.

블루 치즈

마지막 선택은 블루 치즈다. 이탈리아의 고르곤졸라, 프랑스의 로크포르 그리고 영국의 블루 스틸턴 치즈가 모두 푸른곰팡이가 핀 블루 치즈다. 치즈계의 기린아인 블루 치즈의 핵심은 짠맛이다. 잘 만든 블루 치즈는 우리나라의 젓갈처럼 고소한 짠맛이 살아 있다. 그렇다면 여기에 가장 황금비율로 어울리는 풍미는 단맛이다. 블루 치즈는 스위트 와인을 만났을 때 존재감이 더욱 강렬해진다. 보르도 소테른 지역의 귀부 와인이나 포르투갈의 포트 와인이 지닌 달콤하고 농축된 맛은 블루 치즈의 짭조름한 맛을 부드럽게 만들어 준다. 또한 와인의 진한 단맛은 치즈의 짠맛 덕분에 더욱 입체적으로 느껴진다. 그러니 이 즐거운 단짠의 하모니를 꼭 한번 시도해 보자.

HENDRICK'S

오렌지, 로제 와인과 어울리는 요리

3

ORANGE AND ROSÉ

고수 겉절이
닭갈비 부라타 치즈 떡볶이
올리브 바질 볶음밥

고수 겉절이

ROSÉ WINE

얼마 전 미쉐린 레스토랑인 권숙수에서 주최한 장 담그기 행사에 다녀왔어요. 그때 점심으로 셰프님께서 고수로 겉절이를 만들어 주셨는데, 얼마나 신기하고 맛있던지요! 색다른 풍미에 만들기도 쉬워서, 와인 안주로도 추천하는 메뉴입니다.

WINE PAIRING TIP

고수와 조화를 이루려면 와인도 허브 풍미가 강해야 합니다. 이 요리에 허브 향이 강하면서 무게감이 가벼운 로제 와인을 매칭한다면 겉절이의 가벼운 무게감과도 잘 어울릴 거예요. 프랑스 프로방스 지역의 로제 와인은 라이트 보디이면서 산도도 높고 미묘한 허브 향이 특징입니다. 프로방스 로제라면 고수의 신선한 허브 향과 새콤달콤한 소스 맛을 더욱 상큼하게 연출해 줄 거예요.

INGREDIENT | 2인분

고수 100g
홍고추 10g
땅콩 분태 1작은술

양념장

- 간장 1큰술
- 고춧가루 ½작은술
- 설탕 ½작은술
- 매실청 1큰술
- 식초 ½작은술
- 참기름 ½작은술

HOW TO MAKE

1 볼에 양념장을 모두 넣고 잘 섞어준다.

2 고수는 4㎝ 길이로 자른다.

3 홍고추는 송송 썰어준다.

4 넉넉한 볼에 고수와 홍고추, 양념장을 넣고 살살 버무린다.

5 접시에 담고 마무리로 땅콩 분태를 뿌려 낸다.

TIP. 고수 잎은 금세 숨이 죽기 때문에 만들자마자 바로 먹는 것을 추천합니다.

IS NOT
RED

닭갈비 부라타 치즈 떡볶이

ROSÉ WINE

매콤달콤 떡볶이에 부드러운 닭다리살을 듬뿍 넣고, 매운맛을 중화해 줄 크리미한 풍미의 부라타 치즈도 더해보았습니다. 이 떡볶이는 한국인은 물론 외국인 친구들에게도 인기 만점이었던 메뉴예요. 부드럽고 매콤한 치즈 떡볶이의 맛이 로제 와인과 특히 잘 어울린답니다.

WINE PAIRING TIP

이 요리는 닭다리살과 떡 그리고 치즈를 재료로 쓰고, 매콤달콤 진한 소스까지 더해서 정말 화려한 구성을 보여줍니다. 그만큼 와인의 매칭 포인트 폭도 넓어지는데요. 이럴 때 가장 적합한 와인은 바로 로제 와인입니다. 로제 와인은 모든 재료와 다양한 맛을 상대해 줄 수 있는 다재다능한 와인입니다. 특히 떡볶이에 어울리는 로제 와인으로는 구조가 잘 잡히고 꿀과 과실 향이 폭발하듯 터져 나오는 화이트 진판델이나 그르나슈(가르나차) 품종의 와인을 추천합니다.

INGREDIENT | 2인분

닭다리살 150g
떡볶이 떡 250g
멸치 육수 2컵
부라타 치즈 150g
바질 20g

양념장

- 고추장 3큰술
- 설탕 2큰술
- 간장 1큰술
- 고춧가루 1큰술
- 다진 마늘 1큰술
- 물엿 1큰술
- 참기름 ½큰술

HOW TO MAKE

1 볼에 양념장 재료를 모두 넣고 잘 섞어준다.
2 닭다리살은 한입 크기로 잘라준다.
3 냄비에 멸치 육수를 넣고 보글보글 끓인다.
4 양념장과 떡을 넣고 끓인다.
5 닭다리살을 넣고 부드럽게 익힌다.

6 접시에 완성된 떡볶이를 담고, 사이사이에 부라타 치즈를 잘라 올린다.

7 마무리로 바질을 올려준다.

A PAS

올리브 바질 볶음밥

ORANGE WINE

바질은 서양 음식부터 동남아 음식까지 다양하게 활용할 수 있는 식재료입니다. 그렇다면 '한식과 바질도 어울리지 않을까?' 라는 생각에 국, 찌개, 김밥 등 다양하게 메뉴 테이스팅을 하다가 우연히 발견한 메뉴예요. 볶음밥에 바질을 넣어보았더니 의외로 너무 잘 어울리는 조합이었어요. 여기에 블랙 올리브도 더해 이국적인 풍미를 한껏 높여 보았습니다.

WINE PAIRING TIP

내추럴 오렌지 와인은 마치 시원한 동치미처럼 새콤한 산화 풍미가 있고, 익힌 채소 향이 납니다. 그래서 특히 한식과 곁들여 먹었을 때 이질감이 거의 없지요. 마치 볶음밥과 함께 나오는 세트 메뉴처럼, 내추럴 오렌지 와인이 국물의 역할을 해줄 거예요. 볶음밥을 먹다가 중간중간 와인 한 모금을 마셔보세요. 바질의 신선한 풍미는 살려주면서 입안의 느끼함은 깔끔하게 마무리해 줄 테니까요.

INGREDIENT

1인분

바질 10g
블랙 올리브 20g
양파 10g
칵테일 새우 50g
검정깨 1작은술
밥 200g
식용유 적당량

볶음 소스

- 굴소스 2작은술
- 간장 1작은술
- 설탕 ¼작은술
- 참기름 1큰술

HOW TO MAKE

1 볼에 볶음 소스 재료를 모두 넣고 잘 섞어준다.

2 양파는 굵게 다지고, 블랙 올리브는 0.2㎝ 두께로 썬다.

3 바질은 큰 잎만 반으로 잘라준다.

4 칵테일 새우는 해동해서 꼬리를 제거한 후 굵게 썬다.

5 프라이팬에 식용유를 두르고 양파를 먼저 볶는다.

6 새우를 넣고 볶다가 올리브도 넣고 볶아준다.

7 밥과 양념장을 넣고 골고루 볶는다.

8 볶음밥이 거의 다 익으면 바질과 검정깨를 넣고 가볍게 볶는다.

9 접시에 볶음밥을 담고, 마무리로 바질 잎을 올려서 낸다.

[부르고뉴 와인 x 분식 팝업 이야기]

섬세하기로 유명한 부르고뉴 와인에 한국 분식이 어울릴까?

와인 애호가라면 누구나 한 번쯤 부르고뉴 와인과 한식의 페어링에 대해 고민해 본 적이 있을 것이다. 맛과 향이 섬세하기로 유명한 부르고뉴 피노 누아 와인에 한식, 그것도 분식을 매칭해 보면 어떨까? 취재와 다이닝 프로젝트를 위해 부르고뉴 현지에 방문했을 때, 우리는 이러한 궁금증을 직접 와인 생산자들에게 물어보기로 했다.

한국에서부터 '부르고뉴 와인 × 분식 팝업'을 기획하고 준비하며 오방색 앞치마, 복주머니, 젓가락 그리고 한국의 식재료들을 가득 챙겨 부르고뉴로 향했다. 팝업 행사를 기획하는 과정은 분주했지만, 현지에서 새로운 경험을 하고 배울 생각에 설렘도 가득했다.
부르고뉴에 도착해서는 루 뒤몽Lou Dumont 와이너리의 박재화 대표님의 도움으로 예쁜 테이블과 그릇을 준비할 수 있었고, 운 좋게도 당일 화창한 날씨 덕분에 야외 테이블에서 기분 좋은 런치 팝업을 열 수 있었다.
사실 이번 기획은 음식과 와인 페어링도 중요했지만, 부르고뉴 현지인들로 하여금 한국의 식문화를 재미있게 경험하도록 하는 것이 목표였다. 웰컴 이벤트로 한국의 숙취 해소제를 넣은 복주머니를 보여주고, 젓가락질을 하는 방법도 제대로 알려주었다. 특히 한국의 쌈 문화를 소개하고 싶어서 분식 메뉴는 아니지만 수육을 별도로 준비해 쌈을 싸서 서로 먹여 주기도 했는데, 이를 경험하며 어린아이처럼 즐거워하던 와이너리 관계자들의 모습이 잊히지 않는다. 역시 서로를 챙기고 마음을 나누는 한국의 음식 문화는 전 세계적으로 환영을 받는 것 같다.

(Jeon: Gallettes de légumes Bourguignon)
육회김밥 (Riz et boeuf tartare roulée dans une algue séchée)
(Boudin Coréen et anchois sauté)
(Burrata tteokbokki :
riz et burrata sauté à la
(Barbecue avec Ssam)

팝업 메뉴들은 프랑스 사람들도 어렵지 않게 먹을 수 있도록 가급적 현지에서도 친숙한 재료를 넣어 준비했다. 파리만 가도 한국 음식이 선풍적인 인기를 끌고 있다지만, 부르고뉴에서는 한국 음식을 접해본 사람이 많지 않다는 이야기를 사전에 전해 들었기 때문이다. 떡볶이에는 부라타 치즈를, 김밥에는 소고기 타르타르를, 들기름 순대볶음에는 엔초비를 더했다. 여기에 부르고뉴의 신선한 채소들로 전을 만들어 준비했다.

의외로 손님들은 떡볶이의 매운맛이나 쫀득한 떡의 식감에 전혀 거부감이 없었고, 잔잔한 기포의 로제 와인과 맛이 잘 어울린다며 미소 지었다. 에피타이저로 준비한 김부각, 연근부각, 채소전은 특히 샴페인과 최고의 안주라고 칭찬을 받아 어깨가 으쓱했다. 현지의 와이너리 관계자들이 가장 좋아했던 음식은 들기름 순대볶음이었는데, 프랑스에 한국의 피순대와 유사한 부댕 누아Boudin Noir라는 전통 요리가 있어 그런 것 같다. 들기름 순대볶음에는 부르고뉴 지역의 가메 품종 레드 와인부터 샤사뉴 몽라셰Chassagne Montrachet의 화이트 와인까지 다양한 스타일의 와인이 잘 어울릴 것 같다는 의견을 받았다. 메인 요리였던 삼겹살 수육에는 부르고뉴 피노 누아 중에서도 특히 강렬하고 구조적인 특징을 지닌 뉘 생 조르주Nuits Saint Georges 와인을, 소고기 타르타르 김밥에는 가벼운 스타일의 레드 와인인 가메나 부르고뉴 피노 누아 와인을 추천했다. 기분 좋은 햇살 아래에서 런치 팝업을 즐긴 손님들은 한식과 와인이 이렇게 잘 어울릴 줄 몰랐다며 연신 감탄했다. 이번 기회를 통해 현지 생산자들에게 분식을 직접 선보이며 우리 식문화를 공유하고, 그들의 마음속에 한국에 대한 작은 추억을 남겼다는 생각에 가슴이 뿌듯하고 따뜻해졌다. 이날의 즐거웠던 기억은 우리에게도 오래도록 특별하게 남을 것 같다.

레드 와인과 어울리는 요리

라이트 보디 레드 와인
미디엄 보디 레드 와인
풀 보디 레드 와인

4

RED

라이트 보디 레드 와인	참외 프로슈토 얼린 방울토마토 카프레제 소고기 고사리볶음 삼겹살 수육과 견과류 쌈장 부추 깻잎 소고기말이
미디엄 보디 레드 와인	표고버섯 세비체 닭고기 마늘종 카치아토레 불고기 아스파라거스 타코 씨겨자 간장소스 소고기 스테이크
풀 보디 레드 와인	베이컨 쑥갓 굴소스 파스타 시소 갈빗살 볶음 소고기 스테이크 자장덮밥 양고기 찹스테이크

참외 프로슈토

RED WINE-LIGHT BODY

달콤한 멜론과 짭조름한 프로슈토의 만남은 전 세계적으로 오랜 시간 사랑을 받아온 조합이죠. 이번에는 멜론 대신 우리나라의 참외를 사용해 보세요. 아삭한 참외의 식감이 멜론과는 또 다른 매력을 선사한답니다.

WINE PAIRING TIP

얇게 썬 생햄인 프로슈토는 부드러운 식감을 지니고 있습니다. 그래서 여기에는 무게감이 가볍고 타닌이 약한 레드 와인이 잘 어울립니다. 프랑스의 보졸레 누보 와인이나 가메 품종 또는 이탈리아 바르베라 품종으로 만든 레드 와인을 추천합니다. 이때 오크 숙성하지 않은 레드 와인을 고르는 게 키 포인트예요. 와인의 상큼한 산도는 프로슈토의 짠맛을 중화해주고, 적당한 타닌은 프로슈토의 부드러운 식감을 더욱 쫄깃하고 고소하게 만들어 줄 거예요.

INGREDIENT

1인분

참외 150g
프로슈토 10g
엑스트라 버진 올리브오일 1큰술
후추 1꼬집

옵션

장식용 미나리 잎 약간

* 프로슈토는 먹기 30분~1시간 전에 상온에 미리 꺼내 두어야 냉장 상태에서 굳었던 지방이 부드러워지고 풍미가 맛있어집니다.
* 이 메뉴의 킥은 바로 후추입니다! 신선하게 갈아낸 후추를 프로슈토 위에 살짝 뿌려주면 고기의 짭짤하고 풍부한 맛이 살아나면서 약간의 매운 스파이스 향까지 더할 수 있어요.

HOW TO MAKE

1 프로슈토는 먹기 30분~1시간 전에 상온에 미리 빼놓는다.
2 참외는 반으로 잘라, 껍질과 씨를 제거하고 얇게 슬라이스한다.
3 넉넉한 접시 위에 참외를 올린다.
4 참외 위에 프로슈토를 듬성듬성 올린다.

5 그 위에 엑스트라 버진 올리브오일을 뿌리고, 후추를 뿌린다.

6 장식으로 미나리 잎이나 허브 잎을 올려낸다.

TIP. 완성된 음식을 장식할 때 꼭 서양의 허브를 써야 하는 것은 아니랍니다. 미나리, 참나물, 돌나물 등 한국의 나물을 자유롭게 활용해 보세요.

얼린 방울토마토 카프레제

RED WINE-LIGHT BODY

흔히 먹을 수 있는 카프레제에 얼린 방울토마토를 넣어 색다르게 연출해 본 요리입니다. 더운 여름철, 가벼운 레드 와인과 함께 시원하게 즐겨보면 어떨까요?

WINE PAIRING TIP

카프레제는 신선한 토마토와 바질, 올리브오일이 들어가 상큼하고 가벼운 맛이 특징입니다. 그래서 보통은 상큼한 화이트 와인과 매칭하는 메뉴로 알려져 있는데요, 여기에 발사믹 글레이즈 소스를 더한다면 농도와 단맛이 진해지기 때문에 가벼운 레드 와인이 더 잘 어울립니다. 그중에서도 이탈리아의 돌체토 품종으로 만든 와인을 추천합니다. 돌체토는 레드 와인이지만 활기 넘치는 산도가 있는 품종이라서 얼린 방울토마토와 바질의 프레시한 풍미를 살려줄 뿐 아니라 고소한 모차렐라 치즈의 맛도 한결 산뜻하게 끌어올릴 거예요.

INGREDIENT | 1인분

얼린 방울토마토 20g
생모차렐라 치즈 100g
발사믹 글레이즈 1큰술
엑스트라 버진 올리브오일 1큰술
소금 1꼬집
바질 잎 적당량

HOW TO MAKE

1 방울토마토는 깨끗하게 씻어 물기를 제거한 후 냉동실에서 얼린다.

2 넉넉한 접시에 생모차렐라 치즈를 통째로 올린다.

3 치즈에 발사믹 글레이즈를 골고루 뿌려준다.

4 그 위에 엑스트라 버진 올리브오일을 뿌린다.

5 소금 1꼬집을 뿌려준다.

6 얼린 방울토마토를 치즈 그레이터로 갈아서 올려준다.

7 마무리로 바질 잎을 올려 장식한다.

2022
BOURGOGNE

소고기 고사리볶음

RED WINE-LIGHT BODY

이 요리는 이번 책을 함께 쓰신 백은주 선생님께서 평소 피노 누아 안주로 고사리를 즐겨 먹는다고 아이디어를 주셔서 만들어 본 메뉴입니다. 요즘은 삶은 고사리도 시중에 많이 팔고 있어서 비교적 만들기도 쉽고, 속도 편해서 부담 없이 즐기기 좋은 요리예요. 고사리의 식감과 풍미가 특히 부르고뉴 지방의 피노 누아와 잘 어울리니, 꼭 한번 와인과 곁들여 먹어보세요!

WINE PAIRING TIP

피노 누아 품종 와인은 타닌이 부드러워서 지방이 적거나 가볍게 조리한 육류 요리와 특히 잘 어울립니다. 소고기볶음만으로도 이미 훌륭하지만 여기에 고사리가 더해지면 더욱 완벽한 조합을 이루지요. 이 요리에는 특히 나이 든 프랑스 부르고뉴 레드 와인을 추천합니다. 부르고뉴 레드 와인을 너무 어릴 때 마시지 말고 몇 년만 더 기다려 보면 분명 보상을 받을 수 있을 거예요. 올드 피노 누아 특유의 푹 익힌 채소 향은 묵은 나물과 묘한 일치감을 보입니다. 서로가 가진 비슷한 풍미도 잘 어울리지만 함께 먹었을 때 나물의 식감이 마치 고기를 씹는 듯한 감칠맛으로 변신하는 마법이 일어납니다. 부르고뉴 와인이 부담스럽다면 뉴질랜드 피노 누아 와인과도 나무랄 데 없이 잘 어우러집니다.

INGREDIENT | 2인분

불린 고사리 90g
다진 소고기 50g
양파 50g
엑스트라 버진 올리브오일 1큰술
소금 1작은술

옵션

장식용 식용 꽃 약간

HOW TO MAKE

1 말린 고사리는 넉넉한 양의 물에 담가 하룻밤 불린다.

2 불린 고사리는 흐르는 물에 한 번 헹군 후, 냄비에 넣고 물을 가득 부어 약 20분 정도 삶는다.

TIP. 고사리를 삶는 시간은 고사리의 상태에 따라 다를 수 있으니, 중간중간 확인해 가며 부드럽게 삶아질 때까지 조리합니다.

3 부드럽게 삶아진 고사리는 찬물에 헹궈 물기를 뺀다.

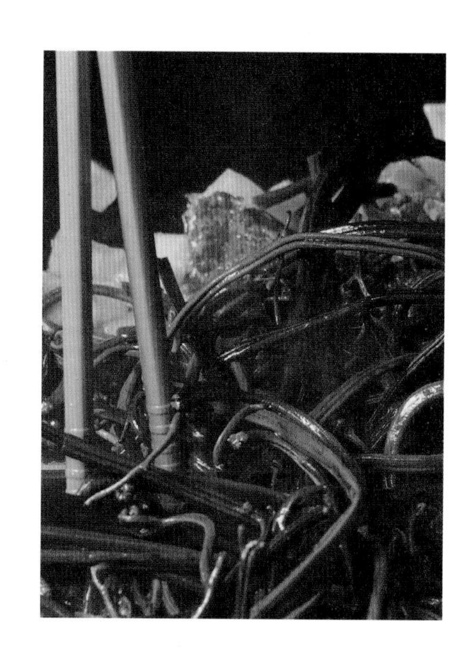

4 양파는 굵게 다진다.

5 프라이팬에 엑스트라 버진 올리브오일을 두르고, 양파와 다진 소고기를 넣고 볶는다.

6 불린 고사리를 넣고 함께 볶는다.

7 재료가 다 익으면 소금으로 간을 해서 낸다.

삼겹살 수육과 견과류 쌈장

RED WINE-LIGHT BODY

섬세한 피노 누아 와인에 부드러운 수육의 페어링을 한번 경험해 본다면, 와인이 한식과 얼마나 잘 어울리는지 깨닫게 될 거예요. 피노 누아의 가볍고 부드러운 타닌이 수육의 지방 맛을 산뜻하게 씻어주면서, 복합적이고 고소한 쌈장의 맛과도 잘 어울리거든요.

WINE PAIRING TIP

이 페어링의 매칭 포인트는 바로 쌈장입니다. 수육만 먹는다면 아마 무거운 화이트 와인이 나을 수도 있겠지만, 매콤하고 진한 풍미의 쌈장 맛을 돋보이게 하려면 화이트보다는 가벼운 레드 와인이 필요합니다. 레드 와인이 지닌 과실 풍미와 가벼운 향신료 풍미는 마치 원래부터 쌈장에 함께 들어 있던 것처럼 잘 어울립니다. 특히 프랑스 루아르 상세르 지역의 피노 누아 와인이나 독일의 슈페트부르군더(피노 누아) 품종 와인은 전통적으로 돼지고기와 함께하는 조합으로 유명합니다. 이때는 와인을 살짝 차갑게 준비해서 먹으면 더욱 맛있답니다.

INGREDIENT

3인분

삼겹살(수육용) 1.5kg
대파 흰 부분 1대
양파 1개
월계수 잎 4장
통후추 10개
마늘 6개
된장 1큰술
청주 ¼컵
쌈 채소 30g

견과류 쌈장

- 다진 견과류 2큰술 (피칸, 호두, 아몬드, 땅콩 등)
- 고추장 1큰술
- 된장 1큰술
- 꿀 1큰술
- 참기름 1큰술
- 다진 마늘 1작은술

* 삼겹살은 지방과 살코기가 층층이 교차되어 부드럽고 촉촉한 식감을 내지만, 만약 조금 더 담백하고 지방이 적은 부위를 원한다면 돼지 목살을 추천합니다.

HOW TO MAKE

1 견과류는 굵게 다져서 준비한다. 대파는 손가락 길이로 자르고, 양파는 반으로 자른다.

2 다진 견과류에 쌈장 재료를 모두 넣고 잘 섞어둔다.

3 수육용 삼겹살은 물에 10분 정도 담가 핏물을 제거한다.

4 냄비에 물, 대파, 양파, 월계수 잎, 통후추, 마늘, 된장을 모두 넣고 센 불에서 한번 끓고 나면 삼겹살과 청주를 넣는다.

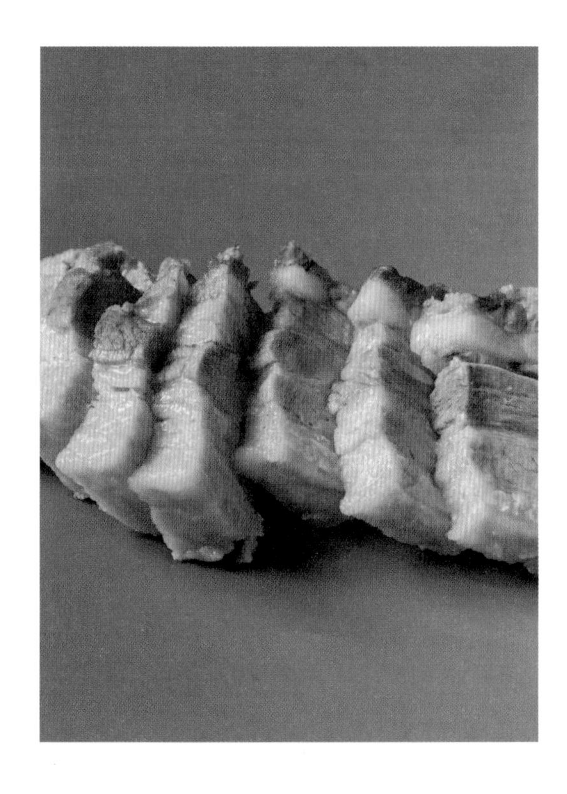

5 중불에서 1시간 동안 뭉근히 삶는다. 젓가락으로 돼지고기를 찔러 잘 익었는지 확인한다.

6 완성된 수육은 한 김 식힌 다음, 0.5㎝ 두께로 잘라준다.

7 넉넉한 그릇에 수육을 담고, 다양한 쌈 채소와 견과류 쌈장을 곁들인다.

부추 깻잎 소고기말이

RED WINE-LIGHT BODY

이 메뉴는 손님을 초대했을 때 만들면 특히 좋은 요리입니다. 게다가 미리 만들어 준비해 놓을 수 있으니 더욱 편리하지요. 손질된 재료들을 돌돌 잘 말아 두었다가, 가볍게 묻혀 구워내면 끝! 간단하면서도 고급스러운 느낌을 만들어 주니, 특별한 날의 상차림에 활용하기도 좋답니다.

WINE PAIRING TIP

허브 향이 강한 레드 와인은 대체로 채소를 곁들인 고기 요리와 잘 어울립니다. 다만 이 요리는 담백하고 그다지 무겁지 않기 때문에 레드 와인의 무게감 역시 가벼워야 합니다. 대표적으로는 프랑스 루아르 지역에서 카베르네 프랑 품종으로 만든 소뮈르나 투렌 레드 와인이 있습니다. 와인에서 풍기는 매혹적인 허브와 피망 향이 부추, 깻잎과도 잘 어우러지고 적당한 타닌은 쇠고기와 훌륭한 조화를 이룹니다. 좀 더 강한 레드 와인을 좋아한다면 칠레의 카르메네르 품종 와인을 추천합니다.

INGREDIENT

2인분

샤브샤브용 소고기 200g
깻잎 10g
부추 50g
감자 전분 1컵
소금, 후추 적당량
식용유 1큰술

매실 겨자 양념장

- 매실청 1큰술
- 연겨자 1큰술
- 식초 1큰술
- 설탕 1작은술
- 간장 1큰술
- 물 1큰술

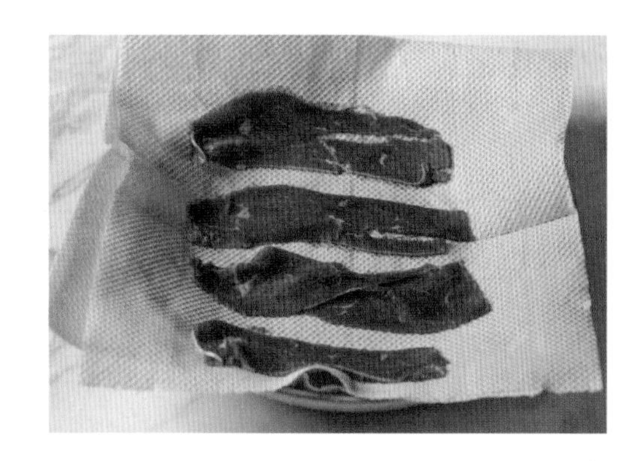

HOW TO MAKE

1 볼에 양념장 재료를 모두 담고 잘 섞어 놓는다.

2 소고기는 키친타월에 올려 핏물을 제거한다.

3 핏물을 뺀 소고기에 소금, 후추를 골고루 뿌려준다.

4 깻잎은 반으로 자르고, 부추는 고기보다 조금 길게 잘라 준비한다.

5 소고기 위에 깻잎을 놓고, 부추를 올린 다음 손으로 돌돌 말아준다.

6 소고기말이에 전분 가루를 묻히고, 살짝 털어준다.

7 프라이팬에 식용유를 두르고 소고기를 올린 다음, 빠르게 골고루 뒤집어 가며 익힌다.

8 완성된 소고기말이를 접시에 담고, 매실 겨자 양념장을 곁들여 낸다.

SSOLINO

표고버섯 세비체

RED WINE-MEDIUM BODY

이탈리아의 네비올로, 프랑스의 피노 누아 품종의 와인에서는 땅, 숲, 흙 내음을 느낄 수 있는데요, 이는 버섯이 지닌 부드럽고 자연스러운 풍미와 잘 매칭됩니다. 특히 한국의 표고버섯은 맛과 향이 깊어 생으로 즐기기에도 좋은 식재료지요. 이번에는 섬세한 풍미의 레드 와인과 잘 어울리는 요리를 소개합니다. 표고버섯을 얇게 슬라이스해서 세비체처럼 즐겨보세요. 흙 내음이 나는 레드 와인과 함께 페어링하면 마치 고기처럼 깊은 감칠맛을 느낄 수 있어요.

WINE PAIRING TIP

이탈리아 랑게 지역의 가벼운 네비올로 레드 와인과 함께 매칭해 보세요. 와인의 따스한 흙 내음이 버섯과 트러플 아로마와 무척 잘 어울립니다.

INGREDIENT

2인분

표고버섯 50g
파르미지아노 레지아노 치즈 30g
트러플 오일 1큰술

* 트러플 오일이 없는 경우, 엑스트라 버진 올리브오일을 뿌려도 좋습니다.

HOW TO MAKE

1 표고버섯은 밑동을 제거한 후 얇게 썬다.

2 접시에 표고버섯 슬라이스를 담는다.

3 감자칼을 이용해 파르미지아노 레지아노 치즈를 슬라이스하여 버섯 위에 골고루 올린다.

4 마무리로 트러플 오일을 듬뿍 뿌려 낸다.

STAUB
STAUB

닭고기 마늘종 카치아토레

RED WINE-MEDIUM BODY

이탈리아 샤냥꾼들이 즐겨 먹던 요리인 폴로 알라 카치아토라Pollo alla Cacciatora를 보다 심플한 버전으로 만들어 본 요리입니다. 원래는 닭고기 한 마리를 와인과 홀 토마토, 허브 등과 함께 푹 끓여서 먹는 요리인데요, 이번에는 부드러운 닭다리살과 시판 토마토소스를 활용해 조리 시간을 줄이고, 가지와 마늘종, 모차렐라 치즈를 더해 마치 닭갈비처럼 골라먹는 재미가 있도록 만들었어요.

WINE PAIRING TIP

진한 토마토소스와 너무 무겁지 않은 맛의 닭고기를 활용한 메뉴이므로, 이탈리아의 키안티 와인이나 바르베라 품종으로 만든 와인 등 이탈리아산 미디엄 보디 레드 와인과 페어링하기를 추천합니다.

INGREDIENT | 3인분

닭다리살 500g
가지 150g
마늘 30g
마늘종 70g
토마토소스 1컵
생바질 10g
생모차렐라 치즈 125g
소금 적당량
후추 적당량
엑스트라 버진 올리브오일 1큰술

HOW TO MAKE

1 가지는 한입 크기로 자른다. 마늘종은 5㎝ 길이로 썰고, 마늘은 통으로 준비한다.

2 팬에 엑스트라 버진 올리브오일을 두르고 마늘을 노릇하게 굽는다.

3 닭다리살을 팬에 껍질 쪽부터 올려 노릇노릇 굽는다.

4 가지와 마늘종을 넣고 함께 익혀준다.

5 토마토소스를 넣는다. 중불에서 닭고기의 안쪽까지 잘 익힌다.

6 모차렐라 치즈를 듬성듬성 올린다. 뚜껑을 덮고 치즈가 녹을 때까지 다시 한번 익혀준다.

7 소금, 후추 간을 한다. 엑스트라 버진 올리브오일을 뿌리고, 바질 잎을 올려 마무리한다.

8 구운 빵이나 바게트를 곁들여 낸다.

불고기 아스파라거스 타코

RED WINE-MEDIUM BODY

취향에 따라 각자 직접 맛있게 싸서 먹을 수 있는 타코는 특히 손님을 초대했을 때 최적인 메뉴예요. 게다가 미리 만들어둘 수 있어 조리 시간까지 단축되니 일석이조지요. 부드러운 불고기와 어우러지는 아삭한 아스파라거스의 맛도 훌륭하지만, 평소 즐겨 먹는 여러 가지 채소를 곁들여도 좋습니다. 봄에는 두릅이나 완두콩, 여름에는 가지나 초당 옥수수, 가을에는 버섯, 겨울에는 배추나 연근 등으로 다양하게 응용해 보세요!

WINE PAIRING TIP

이 요리에는 템프라니요 품종으로 만든 스페인의 리오하 레드 와인을 추천합니다. 풍부한 과실 향에 오크 숙성한 레드 와인의 풍미가 달콤하고 부드러운 불고기의 감칠맛과 잘 어울려요.

INGREDIENT | 2인분

불고기용 소고기 300g
양파 50g
미나리 10g
아스파라거스 100g
할라피뇨 10g
토르티야 8장
사워크림 ½컵
훈제 파프리카 파우더 ½작은술
엑스트라 버진 올리브오일 적당량
소금, 후추 적당량

불고기 양념

- 간장 3큰술
- 설탕 3큰술
- 참기름 1큰술
- 다진 마늘 1작은술
- 후추 1작은술

HOW TO MAKE

1 불고기 양념 재료를 잘 섞어준다.

2 양파는 채 썬다.

3 넉넉한 볼에 소고기, 양파, 불고기 양념을 넣고 잘 섞은 다음, 잠시 재워둔다.

4 아스파라거스는 밑동을 제거한다. 아스파라거스와 미나리를 토르티야 길이로 썰어준다.

5 마른 프라이팬에 토르티야를 굽는다.

6 프라이팬에 엑스트라 버진 올리브오일을 두르고 아스파라거스를 먼저 볶아준다. 소금과 후추로 간을 한 다음, 볶은 아스파라거스를 따로 담아둔다.

7 같은 프라이팬에 불고기와 양파를 넣고 볶는다.

8 접시에 불고기와 아스파라거스, 할라피뇨를 담고 훈제 파프리카 파우더를 뿌린다. 미나리와 사워크림도 접시에 담고 엑스트라 버진 올리브오일을 살짝 두른다.

9 토르티야 위에 사워크림과 불고기, 아스파라거스, 할라피뇨, 미나리 등을 기호에 맞게 올려 먹는다.

Beronia

씨겨자 간장소스 소고기 스테이크

RED WINE-MEDIUM BODY

프랑스 요리를 배우던 시절 생각보다 어려웠던 테크닉 중 하나가 바로 스테이크 소스 만들기였어요. 육수를 내어 소스의 농도를 맞추고, 메인이 되는 식재료와도 조화롭게 어울리는 맛을 표현해야 하기 때문이죠. 그래서 집에서 스테이크를 구울 때는 좀 더 간편하고 맛있는 소스를 연구해 만들어 먹곤 합니다. 이번에 소개하는 씨겨자 간장소스는 여러 번의 테스트 끝에 완성한 저만의 심플 스테이크 소스 레시피예요.

WINE PAIRING TIP

레드 와인이 나이가 들면 타닌은 벨벳처럼 부드러워지고 무게감도 가볍게 느껴집니다. 특히 나이 든 레드 와인의 풍미는 과실향, 향신료, 오크 향이 한몸처럼 섞이면서 감칠맛 나는 진한 간장 냄새 같은 착각도 듭니다. 대표적인 예로는 스페인 리오하 지역의 그란 레제르바 와인이나 이탈리아의 키안티 클라시코 레제르바 와인입니다. 어느 것을 고르든 너무 이른 시기에 개봉하지 않는 것이 좋습니다. 오래 묵어서 섬세해진 레드 와인의 타닌은 쇠고기의 식감을 부드럽게 풀어주고, 원숙한 부케는 간장소스에 위화감 없이 잘 스며듭니다. 또 하나의 다크호스가 있다면 미국의 프리미엄 레드 와인과 프랑스 보르도의 메를로 품종 올드 빈티지 레드 와인입니다.

INGREDIENT

1인분

스테이크용 소고기 200g
엑스트라 버진 올리브오일 1큰술
소금, 후추 적당량
버터 1조각
로즈마리 1줄기
마늘 3알
대파 2개

씨겨자 간장소스

- 간장 1.5큰술
- 씨겨자(홀그레인 머스터드) 1큰술
- 꿀 1큰술
- 식초 1큰술
- 설탕 1큰술

* 소고기의 소금 간은 적어도 스테이크를 굽기 45분 전에 하는 것이 좋아요. 도서 《더 푸드 랩》에 따르면 고기에 소금을 뿌리면 수분이 고기 밖으로 빠져나왔다가, 40분 이상이 지나면 다시 고기 속으로 재흡수된다고 합니다. 이 과정에서 고기에 소금의 맛이 완전히 배어든다고 해요. 따라서 굽기 45분 전에 소금 간을 하거나, 시간이 없다면 아예 굽기 직전에 소금 간을 하는 것을 추천합니다.

HOW TO MAKE

1 스테이크용 소고기에 소금 간을 1시간 전에 해둔다. 고기 위에 소금과 후추를 골고루 뿌린다.

2 대파는 손가락 길이로 잘라둔다.

3 볼에 씨겨자 간장소스 재료를 담고 잘 섞어둔다.

4 달궈진 프라이팬에 엑스트라 버진 올리브오일을 두르고, 소고기를 올려 익힌다.

5 고기를 팬에서 빼내기 1~2분 전에 버터와 로즈마리, 마늘을 넣는다.

6 녹은 버터를 숟가락으로 떠서 고기에 골고루 끼얹어준다.

TIP. 로즈마리와 마늘, 버터 향을 소고기에 입히는 과정이에요.

7 익힌 소고기를 팬에서 꺼내 잠시 레스팅한다.

8 고기를 구운 팬의 기름을 살짝 덜어내고, 대파를 넣은 다음 앞뒤로 노릇하게 익힌다.

9 익힌 대파를 세로로 반 자른다.

10 접시에 대파와 고기를 순서대로 올린다.

11 스테이크에 소스를 곁들여 낸다.

베이컨 쑥갓 굴소스 파스타

RED WINE-FULL BODY

와인을 마실 때 꼭 이탈리아 요리나 프랑스 요리와 함께할 필요는 없는 것 같아요. 오히려 한식이나 중식, 퓨전 요리와 잘 페어링하여 마시면 더 재미있는 경험을 할 수 있거든요. 일본의 야키 누들을 변형해서 만든 이 요리는, 진한 레드 와인과 특히 잘 어울립니다. 익숙한 감칠맛이 가득한 볶음면을 남프랑스의 따뜻한 풍미가 담긴 레드 와인과 함께 즐겨보면 어떨까요?

WINE PAIRING TIP

굴소스는 굴이나 새우 등 해산물로 만든 진한 소스이므로 가벼운 와인을 매칭하면 오히려 비리게 느껴질 수 있습니다. 이때는 바다와 가까운 산지의 묵직한 레드 와인을 선택하면 더없이 잘 어울립니다. 특히 남프랑스 지역 그르나슈 품종 베이스의 레드 와인을 추천합니다. 진하고 검붉은 과실, 감초나 팔각 같은 향신료 향이 드러나는 와인의 맛과 향이 쑥갓과 굴소스의 풍미와 잘 어우러집니다. 뿐만 아니라 그윽한 미네랄리티, 원만한 타닌은 달콤짭짤한 굴소스 특유의 감칠맛을 더욱 뚜렷하게 만들어 줍니다. 와인을 마시기 전에 30분 정도 디캔팅 해두는 것을 잊지 마세요.

INGREDIENT | 2인분

베이컨 80g
쑥갓 70g
양파 70g
마늘 40g
달걀 2개
스파게티 면 200g
소금 1큰술
엑스트라 버진 올리브오일 2큰술

양념장

- 굴소스 1큰술
- 간장 1큰술
- 참기름 1작은술
- 후추 1꼬집
- 설탕 1꼬집

HOW TO MAKE

1 베이컨은 1cm 두께로 썰고, 마늘은 꼭지를 제거한다. 양파는 채 썬다.

2 쑥갓은 5cm 길이로 썰어주고, 줄기와 잎 부분을 구분해 담아둔다.

3 작은 볼에 양념장 재료를 모두 넣고 잘 섞어준다.

4 끓는 물에 소금 1큰술을 넣고, 스파게티 면을 삶는다.

5 프라이팬에 엑스트라 버진 올리브오일을 1큰술을 두르고 마늘과 베이컨을 볶는다. 이어서 양파를 넣고 함께 볶는다.

6 면수 1컵과 양념장, 쑥갓 줄기 부분을 넣고 살짝 조린다.

7 익은 스파게티 면을 넣고 잘 버무린다. 필요하다면 추가로 소금 간을 한다.

8 다른 팬에서 달걀 프라이를 반숙으로 만든다.

9 스파게티가 있는 프라이팬의 불을 끄고 엑스트라 버진 올리브오일 1큰술을 넣은 다음, 다시 한번 버무려 준다.

10 완성된 스파게티에 달걀 프라이와 쑥갓 잎을 올려서 낸다.

시소 갈빗살 볶음

RED WINE-FULL BODY

일본 요리에 많이 쓰는 시소 잎은 흔히 생선회나 초밥에 곁들이거나 튀김으로 만들지만, 저는 주로 볶음에 많이 활용합니다. 시소 잎을 볶으면 특유의 쌉싸름한 향이 부드러워져서 시소를 싫어하는 사람들도 맛있게 먹을 수 있어요. 또한 볶는 과정에서 시소의 풍미가 고소하고 복합적인 허브 향으로 변해 고기나 와인과도 잘 어울리게 됩니다.

WINE PAIRING TIP

시소는 특유의 시원하고 쌉사름한 향이 강하고 잎이 두터워서 식감이 독특합니다. 갈빗살 역시 기름지고 씹는 식감이 좋은 식재료지요. 그래서 타닌이 많고 허브 향이 강한 시라 품종 와인이나 미디엄 보디의 쉬라즈 품종 와인을 추천합니다. 특히 호주의 쉬라즈 와인은 유칼립투스 향이 강해서 시소 향과도 잘 맞고, 육중한 타닌이 갈빗살의 육질과 무척 잘 어울립니다. 또 시라와 쉬라즈 품종 특성상 향신료 향이 강하다 보니 와인과 함께 먹었을 때 고기의 고소한 맛도 점점 살아납니다.

INGREDIENT | 2인분

소고기 갈빗살 200g
시소 잎 10g
가지 1개
마늘 20g
엑스트라 버진 올리브오일 2큰술
소금, 후추 적당량

* 소의 갈비뼈 사이에 위치한 갈빗살은 근육과 지방이 적절히 섞여 있어 구이뿐 아니라 볶음 요리에도 적합한 부위예요. 갈빗살이 없다면 구이나 스테이크용 다른 부위를 활용해도 좋습니다.

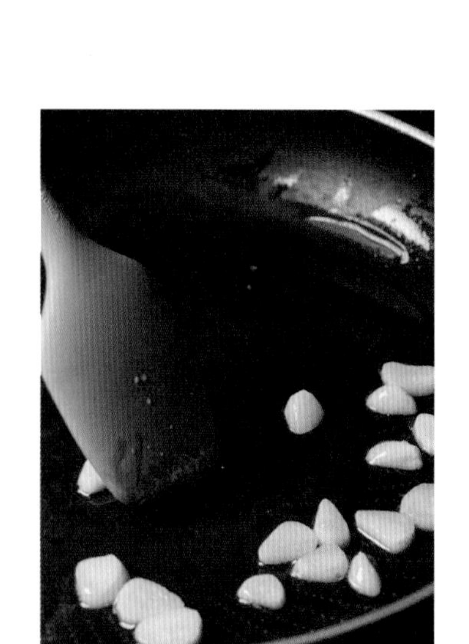

HOW TO MAKE

1 갈빗살은 손가락 크기로 썰고, 키친타월에 올려 핏물을 제거한다.

2 가지는 반달 모양으로 자르고, 마늘은 편으로 썬다.

3 시소 잎의 반은 채 썰고, 반은 그대로 둔다.

4 프라이팬에 엑스트라 버진 올리브오일 1큰술을 두르고 마늘을 넣고 볶는다.

5 갈빗살을 넣고 볶다가 고기의 겉면이 익으면 가지를 넣고 볶는다.

6 자르지 않은 시소 잎을 넣고 볶는다.

7 소금, 후추를 뿌려 간을 한다.

8 접시에 담고, 채 썬 시소 잎을 올려 낸다.

소고기 스테이크 자장덮밥

RED WINE-FULL BODY

평소 절친한 중국 요리 전문가인 박은영 셰프에게 요리를 배운 적이 있어요. 게살 스프, 샤스핀 찜 등 고급 요리들을 많이 배운 날이었지만, 그날의 하이라이트는 갓 볶은 자장덮밥이었죠! 자장소스를 직접 만들어 먹으면 아삭한 채소의 식감을 그대로 즐길 수 있고, 스테이크나 버섯, 새우 등 토핑도 자유롭게 만들어 올릴 수 있어 더 즐겁답니다.

WINE PAIRING TIP

자장소스는 진하고 복합적인 레드 와인과 놀랄 만한 조화를 이룹니다. 여기에 소고기 스테이크까지 더했으니 이보다 더 완벽한 안주가 없겠네요. 프랑스 보르도 지역의 카베르네 소비뇽 품종 베이스의 와인이나 호주의 진한 쉬라즈 품종 와인을 추천합니다. 와인에서 느껴지는 뭉근하게 끓여낸 듯한 과일 향, 향신료의 풍미가 되직한 자장소스와 완벽한 하모니를 보여줍니다. 타닌과 산도가 높아 풍채 좋은 와인의 질감은 스테이크에도 적합합니다. 포인트는 와인을 즐기기 전에 타닌이 충분히 부드러워지도록 디캔팅을 여유 있게 해주세요.

INGREDIENT | 2인분

스테이크용 소고기 200g
양파 60g
주키니 100g
다진 마늘 2큰술
다진 생강 1큰술
다진 파 2큰술
간장 1큰술
볶은 춘장 2큰술
식용유 적당량
굴소스 1큰술
치킨파우더 1큰술
설탕 1큰술
감자 전분 5g
참기름 1큰술
식용유 2큰술
소금, 후추 적당량

* 시판 볶은 춘장을 사용해도 좋지만, 일반 춘장을 사용할 경우 춘장과 식용유를 1:1 비율로 팬에서 미리 볶아 준비해 주세요.

HOW TO MAKE

1. 전분과 물을 1:3 비율로 섞어 전분물을 만든다.
2. 마늘, 생강, 파는 잘게 다져 준비한다.
3. 양파와 주키니는 굵게 다진다.
4. 소고기는 큼직하게 썰어준 다음 소금, 후추를 뿌려 간을 한다.

5 프라이팬에 식용유를 두르고 강불에서 소고기 겉면만 가볍게 익혀준다.

TIP. 불 조절이 어려운 경우, 소고기는 다른 팬에 따로 구워서 올려도 좋습니다.

6 중불로 줄인 후 파, 마늘, 생강, 간장을 넣고 향을 낸다.

7 다시 센 불로 올려 양파, 주키니를 넣고 빠르게 볶는다.

8 볶은 춘장, 굴소스, 치킨파우더, 설탕을 넣고 잘 섞어준다.

9 약불로 낮추고, 전분물을 천천히 부어 농도를 맞춘다.

TIP. 전분물로 농도를 맞출 때는 재료가 끓어오르면 불을 줄이고, 전분물을 조금씩 섞어주는 것이 포인트예요. 이때 빠르게 저어주어야 전분이 덩어리지지 않습니다.

10 마무리로 참기름을 뿌려준다.

11 밥 위에 소고기를 가지런히 올리고, 자장소스를 뿌려준다.

양고기 찹스테이크

RED WINE-FULL BODY

보통 찹스테이크는 소고기로 많이 만들지만, 양고기를 사용하면 한층 더 깊은 풍미와 색다른 맛으로 즐길 수 있어요. 양고기도 소고기와 마찬가지로 오래 익히면 질겨질 수 있으므로, 빠르게 익혀내는 것이 포인트예요.

WINE PAIRING TIP

양고기는 특유의 독특한 풍미가 강하기 때문에 향신료 향이 강한 와인과 잘 어울립니다. 그중에서도 햇볕이 풍부한 산지에서 포도가 자라서 잘 익은 과실 향이 나고, 파워풀한 타닌을 지닌 와인이 제격입니다. 신대륙의 카베르네 소비뇽 품종 와인이나 미국 진판델 품종 와인을 특히 추천합니다. 칠레의 카베르네 소비뇽 와인은 타닌도 견고하지만 피망이나 민트, 파프리카 향이 강하기 때문에 채소가 들어간 찹스테이크의 풍미를 풍성하게 해줍니다. 미국의 진판델 품종 와인이라면 순수한 과실 풍미와 진한 텍스처가 기름진 고기와 환상적인 호흡을 보여줄 거예요.

INGREDIENT

2인분

양고기 300g
올리브 10개
빨강 파프리카 70g
노랑 파프리카 70g
피망 70g
양파 70g
양송이버섯 4개
훈제 파프리카 파우더 1작은술
엑스트라 버진 올리브오일 2큰술

소스

- 굴소스 2큰술
- 간장 1큰술
- 꿀 2큰술
- 마늘 2쪽
- 양파 30g
- 물 1큰술
- 후춧가루 1작은술

HOW TO MAKE

1 소스 재료를 모두 블렌더에 넣고 곱게 갈아준다.

2 양고기는 2cm 큐브로 썬다.

3 파프리카, 피망, 양파도 2cm 큐브로 썬다. 양송이버섯은 4등분한다.

4 프라이팬에 엑스트라 버진 올리브오일 1큰술을 두르고 양고기를 볶아준다.

5 양파를 넣고 볶은 다음 피망, 파프리카, 버섯을 넣고 볶아준다.

6 올리브를 넣고 볶는다.

7 만들어둔 소스를 팬에 붓고 살짝 조린다.

8 맛을 보고 싱거우면 소금을 더한다.

9 접시에 찹스테이크를 담고, 훈제 파프리카 파우더와 엑스트라 버진 올리브오일을 뿌린다.

샤퀴테리와 와인 페어링

Charcuterie and Wine Pairing

샤퀴테리Charcuterie는 가공육을 뜻하는 프랑스어다.
보통은 가공육 중에서도 수제로 만든 걸 일컬어 샤퀴테리라
부른다. 그러다 보니 치즈만큼 그 종류가 방대하고, 종류에 따라
어울리는 와인도 다양하다.

샤퀴테리에 어울리는 와인을 페어링하는 첫 번째 비법은 바로
로컬 페어링이다. 특정 지역에서 자란 포도로 빚은 와인과 그
지역에서 만들어진 샤퀴테리는 서로가 완벽하게 어우러진다.
이를테면 스페인 리오하 지역의 템프라니요 품종 레드 와인과 하몽
이베리코, 이탈리아 키안티 지역의 산지오베제 품종으로 만든 레드
와인과 피노키오 살라미, 프랑스 부르고뉴의 피노 누아 품종 레드
와인과 잠봉 페르실레 그리고 미국 나파 밸리에서 메를로 품종으로
만든 레드 와인과 북미식 햄 등이 있을 것이다. 이러한 로컬 조합은
와인과 샤퀴테리의 맛을 서로 끌어올리는 경험을 선사해 준다.
스페인 리오하에서 템프라니요 품종으로 만든 레드 와인과 하몽
이베리코를 예시로 살펴보자. 스페인 리오하 지역은 강렬한
햇빛과 고산 지대의 선선한 기후가 어우러져 이 지역만의 독특한
개성이 있다. 리오하 와인은 짧게는 수개월, 길게는 수년에 걸쳐
숙성한다. 하몽 이베리코 역시 소금에 절인 돼지 뒷다리를 같은
태양 아래서 수개월부터 수년간 서서히 건조하고 숙성시킨다.
그러다 보니 하몽과 리오하 와인을 함께 먹으면 마치 서로를 위해
태어난 듯 잘 어우러진다. 템프라니요 품종 특유의 검은 베리류,
바닐라, 향신료의 아로마는 하몽 특유의 느끼한 맛을 잠재우고
고소한 풍미를 더욱 끌어올린다. 또한 와인의 균형 잡힌 타닌은
하몽의 기름진 맛을 깔끔하게 정리하고, 고기를 씹으면서 느껴지는

감칠맛만을 남긴다. 환상의 조합이다.

두 번째 방법은 샤퀴테리의 종류에 따라 와인을 맞추는 방식이다. 샤퀴테리는 우선 가공 방식에 따라 나뉘며, 나아가 염장 건조 훈제 방식에 따라서 더욱 세분화된다. 누구나 알기 쉽게 설명하자면, 크게 햄과 소시지로 나눠진다고 볼 수 있을 것이다.

햄

햄은 보통 돼지의 다리, 어깨와 같은 큰 덩어리의 고기를 가공해 만든다. 먹을 때는 주로 얇게 슬라이스해서 먹는다. 이탈리아의 프로슈토, 스페인의 하몽, 프랑스의 잠봉이 대표적인 햄이다. 햄은 만드는 방식에 따라 풍미와 식감이 상당히 달라지는데, 이때 익혀서 만든 햄과 생고기를 염장하고 건조시킨 햄을 구별해야 한다.

먼저 익힌 햄은 대부분이 연분홍색 컬러다. 그래서 프랑스에서는 이를 두고 '화이트 햄'이라고 부르기도 한다. 마치 우리나라의 수육처럼 식감이 보드랍고 촉촉하다. 달걀 지단처럼 얇게 썰어 먹는데 짭짤한 맛이 나는 것이 특징이다. 익힌 햄에 어울리는 와인은 단연 화이트 와인이다. 그중에서도 리슬링이나 피노 그리지오 품종으로 만든 와인, 또는 이탈리아 소아베 지역 와인처럼 산뜻한 산미와 과일 향을 지닌 화이트 와인이 잘 맞는다. 아니면 가벼운 스파클링 와인도 좋겠다. 화이트 와인의 상큼한 신맛은 햄의 짠맛을 거스르지 않으면서도 기름진 풍미를 깔끔하게 정리해 준다. 그리고 이어지는 복숭아 같은 과실 향이 고기에 배어들면서 묘하게 햄의 달콤함을 끌어올린다. 햄과 와인을 함께 먹었을 때 뒷맛에서 느껴지는 이 마지막 반전이 정말 매력적이다. 햄 중에서는 간혹 훈제 향이나 스모키 풍미가 강한 것이 있다. 특히 미국산 햄이 그렇다. 이러한 풍미의 햄을 먹을 때는 오크 숙성한 샤르도네 품종의 미국 화이트 와인을 추천하고 싶다.

두 번째로 염장 건조 햄은 대체로 색상이 붉고 식감이 쫀득하다. 김처럼 아주 얇게 슬라이스해서 먹는 경우가 많은데, 쫄깃하니 씹는 맛이 있다. 이런 햄은 화이트보다는 레드 와인과 더욱 잘 어울린다. 건조와 숙성 과정을 거치면서 고기의 풍미는 더 진해지고 기름진 맛도 더 강해지기 때문이다. 염장 건조 햄에는 미네랄리티가 있으면서 산도 높은 레드 와인을 추천하고 싶다. 와인의 산미는 햄의 짭짤한 맛을 중화해 줄 것이고, 와인의 미네랄 풍미는 지방을 깔끔하게 감싸주며 쫄깃한 식감을 더욱 돋보이게 만든다. 대표적인 와인으로는 프랑스의 가메, 피노 누아 품종 레드 와인이나 이탈리아의 산지오베제 품종 와인을 들 수 있다. 간혹 와인 없이 햄만 먹어보면 이렇게 기름지고 느끼했었나 흠칫 놀랄 정도다. 염장 건조 햄이야말로 와인 없이는 존재할 수 없는 음식이다. 염장 햄을 활용한 가장 유명한 요리는 멜론에 얹은 프로슈토다. 개인적인 의견이지만 멜론에 얹은 햄을 먹을 때는 레드보다는 화이트 와인을 좀 더 추천하고 싶다. 은은한 멜론 향이 나는 샤르도네나 비오니에 같은 품종이라면 더욱 완벽하다.

소시지

소시지는 고기를 곱게 다져서 만드는 가공육으로, 주로 내장이나 인공 케이싱에 고기 속을 채워 보관한다. 그래서 둥글고 긴 모양이며, 햄에 비하면 색상이 더 검고 붉다. 이탈리아의 살라미, 스페인의 초리조, 프랑스의 소시송이 대표적인 소시지다. 가장 유명한 소시지인 살라미와 초리조는 고기를 건조해 만든 소시지다. 와인 안주로서 소시지의 가장 큰 특징은 바로 향신료 풍미다. 가공육 중에서도 가장 강하고 복합적인 향을 지니는데, 고기를 다지고 반죽하는 과정에서 회향, 펜넬 씨앗, 오레가노 같은 허브는 물론 파프리카, 마늘, 흑후추 등 다양한 향신료를 섞기 때문이다. 그래서 소시지는 보통 햄보다 더 기름지고 풍미가 강렬하며, 특히 건조 소시지라면 짠맛도 강하고 식감도 질기다. 이렇게 풍미와 식감이 강하고 단단한 음식에는 그만큼의 파워를 지닌 와인이 필요하다.

예를 들면 허브 향이 강한 이탈리아의 산지오베제 품종이나 향신료 향이 강한 시라, 쉬라즈, 그르나슈, 가르나차 품종으로 만든 레드 와인이다. 이 와인들은 소시지가 가진 강한 풍미를 부드럽게 감싸 안을 수 있다. 와인이 가진 체리, 자두, 검붉은 베리의 과실 향은 달콤한 뒷맛을 입안에 남기며, 단단한 타닌이 지방을 깔끔하게 잘라주고 단백질을 녹여준다. 그래서 처음에는 질기게 느껴졌던 육질이 어느새 부드러워지면서 감칠맛 나는 풍미까지 살아난다. 음식과 와인, 환상의 콜라보가 나타나는 순간이다.

파테와 테린

마지막으로 추천하고 싶은 샤퀴테리는 파테와 테린이다. 파테와 테린은 한국에서는 햄과 소시지에 비해 낯선 음식이다. 하지만 최근 국내에 여러 샤퀴테리 전문점이 하나둘 생겨나면서 화제의 가공육이 되었다. 파테와 테린을 쉽게 설명하자면 수제 스팸 정도랄까? 고기나 간을 다지고 으깬 다음 몰드에 넣고 굳히거나 오븐에 구워 만든 요리다. 다른 샤퀴테리와 비교해 볼 때 맛은 진하고 질감은 부드러워 마치 크림 같다. 그래서 와인을 고를 때도 기름진 질감의 균형을 잡아주는 것이 중요하다. 이때 산도가 페어링의 포인트다. 상큼한 맛이 나거나 신선한 과실 향이 있는 와인이라면 레드, 화이트, 로제, 오렌지 상관없이 모두 잘 어울린다. 그중에서도 파테와 테린과 함께하기에 좋은 와인 한 가지를 꼽으라면 단연 스파클링 와인이다. 산도가 낮은 스파클링을 찾는 것이 더 어려울 만큼 확실한 산미가 보장되는 와인이기 때문이다.

스위트, 주정 강화 와인과 어울리는 요리

5

SWEET AND FORTIFIED

유자 마스카르포네 스프레드
참기름 간장 아이스크림

유자 마스카르포네 스프레드

SWEET AND FORTIFIED

이탈리아의 마스카르포네 치즈는 부드럽고 크리미한 질감 덕분에 마치 버터나 스프레드처럼 다양하게 요리에 활용할 수 있습니다. 특히 유자청과 함께 섞어주면 부드럽고 상큼한 맛이 무척 잘 어울려요. 이 스프레드는 치즈 플레이트에 함께 올려도 좋고, 디저트 와인과 함께 비스킷을 곁들여 내도 좋아요.

WINE PAIRING TIP

이 메뉴는 유자의 상큼한 풍미와 마스카르포네의 폭신한 질감이 특징입니다. 여기에 마치 꿀을 뿌려주는 듯한 스위트 와인의 달콤한 풍미가 잘 어울릴 텐데요, 너무 진하거나 무거운 스위트 와인은 자칫 맛의 특징을 가려버릴 수 있으니 좀 더 가볍고 산도가 뚜렷한 스위트 와인이 적합합니다. 프랑스 루아르 지역의 슈냉 블랑 품종으로 만든 스위트 와인, 독일 또는 프랑스 알자스 지역에서 포도를 늦게 수확해 만든 스위트 와인을 추천합니다. 잘 익어서 더욱 매혹적인 와인의 과실 향은 유자 향을 화려하게 변화시키고, 섬세하면서도 오묘한 와인의 단맛은 치즈의 맛을 풍부하게 해줄 거예요. 이때 와인은 가능한 차갑게 준비해 주세요.

INGREDIENT | 2인분

유자청 80g
마스카르포네 치즈 250g

옵션

비스킷 200g

* 마스카포네 치즈가 없다면 리코타 치즈로 만들어도 좋습니다.
* 마지막에 엑스트라 버진 올리브오일을 뿌려 내도 잘 어울려요.

HOW TO MAKE

분량의 유자청과 마스카르포네 치즈를 볼에 담고, 잘 섞어준다.
비스킷이나 구운 빵을 곁들여 낸다.

참기름 간장 아이스크림

SWEET AND FORTIFIED

브랜드 프로젝트로 미쉐린 레스토랑인 밍글스와 함께 일한 적이 있어요. 그때 셰프님께서 찹쌀 아이스크림 위에 눈개승마, 제주 푸른콩 간장, 참기름을 올려서 디저트를 만들어주셨는데, 와! 그 맛의 조합에 깜짝 놀라고 말았어요. 이후 집에서도 만들기 쉽도록 바닐라 아이스크림으로 재료를 응용하고, 바삭한 식감을 위해 피칸도 더했습니다. 익숙하면서도 색다른, 의외의 조합을 디저트로 꼭 즐겨보세요.

WINE PAIRING TIP

피칸의 고소함과 아이스크림의 달콤함 그리고 참기름과 간장의 감칠맛까지 화려한 맛의 향연을 보여주는 디저트입니다. 이 메뉴에 딱 맞는 와인으로는 스페인의 주정 강화 와인인 셰리를 추천합니다. 단맛을 선호한다면 스위트 스타일의 크림 셰리를, 무난한 맛을 원한다면 드라이 스타일의 아몬티야도나 올로로소 셰리를 추천합니다. 셰리는 스타일에 관계없이 모두 진한 견과류나 캐러멜 향이 나기 때문에 마치 아이스크림에 시럽을 뿌린 듯 풍미가 더욱 조화롭게 느껴질 거예요. 오랫동안 산화 과정을 거쳐 만들어지는 셰리는 참기름이나 간장 베이스의 양념과도 오묘한 조화를 이룹니다. 이번 페어링은 한번 경험해 보면 아마 잊지 못할 거예요.

INGREDIENT | 1인분

바닐라 아이스크림 100g
피칸 5g
참기름 ½큰술
간장 ¼작은술

옵션

장식용 애플민트 약간

HOW TO MAKE

1 피칸은 굵게 다진다. 애플민트 잎은 가위로 반 잘라 준비한다.

2 디저트 컵에 바닐라 아이스크림을 담는다.

3 아이스크림 위에 참기름과 간장을 뿌린다.

4 피칸을 듬뿍 올리고, 애플민트를 올려 장식한다.

5 아이스크림을 참기름, 간장, 피칸과 함께 섞어 먹는다.

TUSSOCK
JUMPER
CHARDONNAY

해장 대파 라면

와인과 음식을 충분히 즐긴 후 마무리로 내면 좋은 메뉴를 보너스로 소개합니다. 실제로 제가 집에 손님 초대를 했을 때 가장 폭발적인 반응을 일으키는 순간이기도 해요. 이왕 만든다면 아예 제대로 맛있게 만들자 싶어서 저만의 시그니처 대파 라면을 만들었답니다. 이 라면은 대파를 듬뿍 넣은 다음 튀기지 않은 건면으로 만드는 것이 포인트예요! 이 라면을 먹고 나면 다시 새로운 와인 병을 오픈하게 될지도 몰라요.

INGREDIENT | **3인분**

신라면 건면 3개
대파 흰 부분 200g
식용유 적당량
고춧가루 2큰술
물 1500ml

HOW TO MAKE

1 대파의 흰 부분을 얇게 송송 썬다.
2 냄비에 식용유를 두르고 대파 흰 부분을 넣고 볶는다.
3 고춧가루를 넣고 살짝 볶은 후 바로 분량의 물을 부어준다.
4 면과 스프를 넣고 라면을 끓여준다.

디종 머스터드와 부르고뉴 전통 치즈 이야기

Dijon mustard and traditional Bourgogne cheese

순창이 고추장으로, 고흥이 유자로, 이천이 쌀로 유명하듯, 프랑스 부르고뉴 지방의 디종Dijon은 머스터드로 잘 알려진 도시다.
프랑스 요리를 공부하면서 뵈프 부르기뇽Boeuf Bourguignon, 크로크 무슈Croque Monsieur, 머스터드 크러스트 양고기Carré d'Agneau en Croûte de Moutarde 등 다양한 요리에 디종 머스터드를 자주 활용하며, 일찍이 그 특유의 톡 쏘는 맛과 향 그리고 복합적인 산미에 매료되었다. 그래서 프랑스를 여행하게 되면 반드시 방문해 보고 싶었던 도시 중 하나였는데, 마침 부르고뉴를 출장 차 방문하며 큰 설렘을 안고 찾아가게 되었다.
직접 방문한 디종은 역시나 기대를 저버리지 않는 매력을 지닌 도시였다. 중세와 르네상스 시대의 건축물들이 고스란히 남아 있는 디종은, 골목 곳곳에 보이는 역사적 유산을 감상하며 느긋하게 거닐기에 완벽한 장소였다. 디종의 메인 거리를 걷다 보면 한국에서도 유명한 머스터드 브랜드인 마일레Maille 본점을 쉽게 찾을 수 있는데, 이곳에서는 클래식 머스터드를 비롯해 트러플 머스터드, 허니 머스터드, 허브 머스터드 등 다양한 맛의 머스터드를 시식하고 구매할 수 있다. 특히 마일레의 한정판 도자기 병에 머스터드를 담고 각인을 할 수 있는 서비스도 제공되므로, 특별한 기념품을 찾는 이들에게 추천한다.

혹시 시간적 여유가 있다면, 디종에서 차로 약 30분 거리에 위치한 본Beaune의 라 무타르드리 팔로La Moutarderie Fallot를 방문해 보는 것도 좋다. 이곳에서는 IGP(지리적 표시 보호, Indication Géographique Protégée) 인증을 받은 무타르드 드 부르고뉴Moutarde de Bourgogne의

Bijouterie
Argenterie
ARGI
Little Gre
Farrow &
Décoratio
Peinture - Papi

생산 과정을 직접 견학할 수 있다. 현지의 전문가에게 설명을 들어 보니 무타르드 드 부르고뉴 인증을 받기 위해서는 부르고뉴산 겨자 씨앗과 알리고테Aligoté 와인을 사용해 제조되어야 하며, 매우 엄격한 기준에 따라 이 지역만의 머스터드가 만들어진다는 것을 알 수 있었다. 투어 후에는 머스터드를 시식해 볼 수 있는데, 일반적으로 식초를 사용해 강한 산미를 내는 일반적인 머스터드와 달리 알리고테 와인의 복합적인 풍미와 부드러운 산미가 느껴지는 맛이었다. 식재료 중에서도 해산물이나 샐러드 같은 섬세한 요리에 잘 어울릴 맛으로, 특별한 미식 경험을 원한다면 맛보고 사용해 보면 좋을 것 같다.

La Moutarderie
FALLOT

Edmond Fallot
MOUTARDE DE BOURGOGNE
Poids net : 250g
Ets. Fallot 21200 BEAUNE - FRANCE

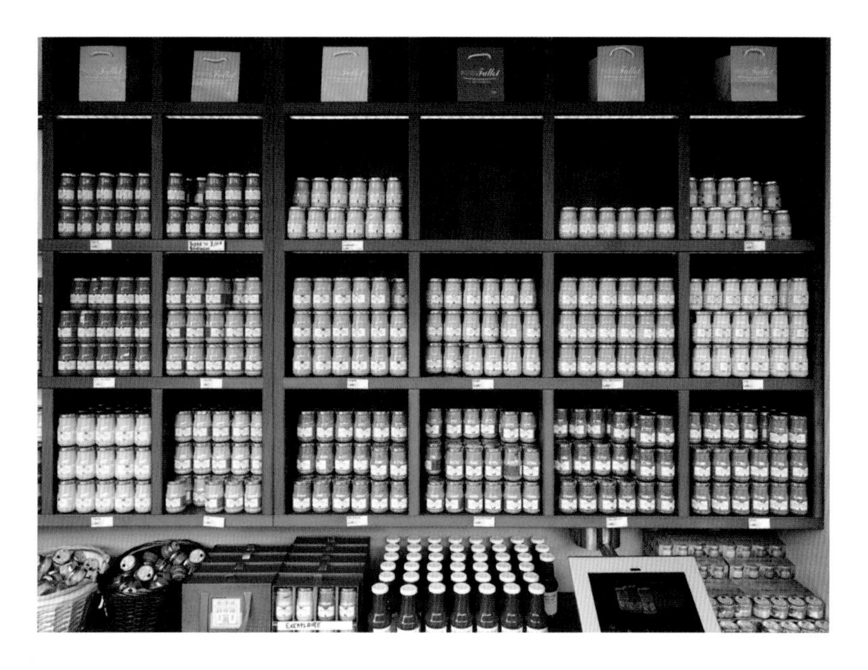

Gaugry

Soumaintrain
ue Protégée

EPOISSES
Gaugry
Petit
au lait cru

머스터드 견학과 더불어 부르고뉴에서 행복했던 순간을 꼽자면, (물론 한국에서도 구하기 힘든 탑 생산자들의 부르고뉴 와인을 마음껏 즐긴 것도 있지만) 매일 아침 갓 구운 바게트에 강렬한 풍미의 치즈를 맛본 시간도 빼놓을 수 없다. 사실 부르고뉴는 와인뿐만 아니라, 오랜 전통을 가진 치즈로도 유명한 곳이다
꼬릿꼬릿한 프랑스 전통 치즈를 좋아한다면, 디종과 주브레 샹베르탱Gevrey Chambertin 사이에 위치한 브로숑Brochon이라는 작은 마을을 추천한다. 이 마을에는 프로마주리 고그리Fromagerie Gaugry라는 치즈 제조장이 있는데, 유명 치즈 브랜드인 고그리Gaugry 사에서 운영하는 곳이다. 예약을 하고 방문하면 전통적인 치즈 생산 과정을 볼 수 있고, 다양한 치즈도 테이스팅할 수 있다.
우리가 방문했을 때는 다섯 가지 부르고뉴 전통 치즈인 에푸아스Epoisses, 아미 뒤 샹베르탱Ami du Chambertin, 플레지르 오 샤블리Plaisir au Chablis, 브리야 사바랭Brillat Savarin, 수맹트랭Soumaintrain을 맛볼 수 있었는데, 개인적으로는 에푸아스와 아미 뒤 샹베르탱의 반전 매력에 푹 빠졌다. 이 두 치즈는 포도를 압착한 후 남은 찌꺼기를 증류한 전통 증류주인 마르 드 부르고뉴Marc de Bourgogne로 껍질을 씻어내어 톡 쏘는 강렬한 향을 발산하는데, 이와 대조적으로 속은 아주 크리미하고 부드럽다.
마지막으로 샤블리Chablis 와인으로 씻어 숙성한 플레지르 오 샤블리 치즈를 샤블리 와인과 함께 페어링해 볼 수 있었는데, 음식과 와인 페어링의 기본 법칙인 '신토불이' 법칙이 역시 이곳에서도 통한다는 걸 확연히 느낄 수 있는 즐거운 시간이었다.

푸드&와인 페어링 쿡북

1판 1쇄 인쇄 2024년 10월 31일
1판 1쇄 발행 2024년 11월 11일

지은이 정리나, 백은주
펴낸이 김기옥

실용본부장 박재성
편집 실용 2팀 이나리, 장윤선
마케터 이지수
지원 고광현, 김형식

사진 김태훈(TH STUDIO)

디자인 onmypaper
인쇄·제본 민언 프린텍

펴낸곳 한스미디어(한즈미디어(주))
주소 121-839 서울시 마포구 양화로 11길 13(서교동, 강원빌딩 5층)
전화 02-707-0337 | 팩스 02-707-0198 | 홈페이지 www.hansmedia.com
출판신고번호 제313-2003-227호 | 신고일자 2003년 6월 25일

ISBN 979-11-93712-62-7 (13590)

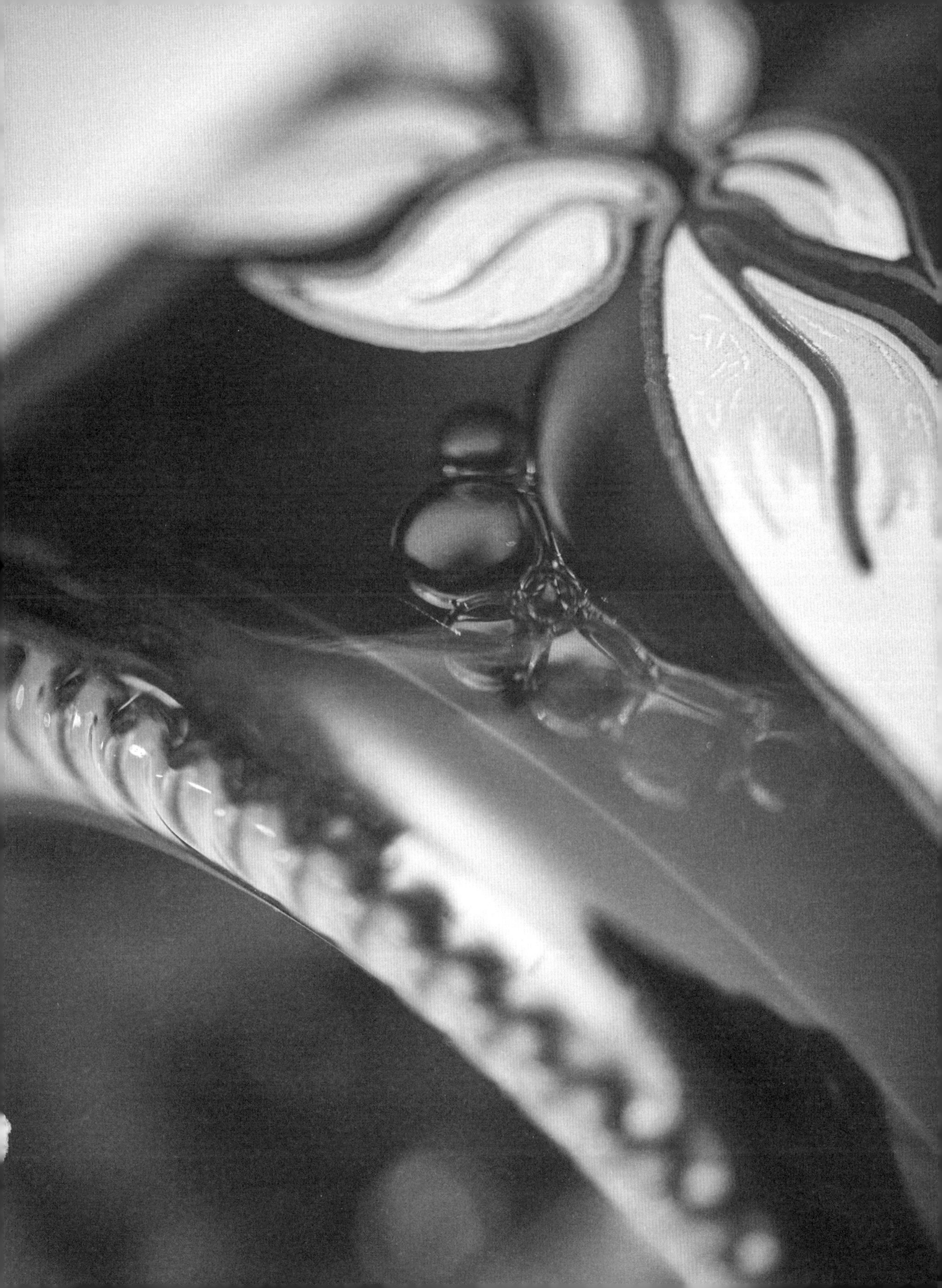